复旦哲学讲堂

科学与哲学

总主编／孙向晨　林晖
本册主编／黄翔

泰山出版社·济南·

总序

青春的“哲学时刻”

人们常常以密涅瓦的猫头鹰来比喻哲学。密涅瓦是罗马神话中的智慧女神，她的肩头总是栖落着一只猫头鹰，这只猫头鹰代表着理性与智慧。德国哲学家黑格尔就用密涅瓦的猫头鹰来比喻哲学，并且说它要等到黄昏时分才起飞。因此人们总以为哲学是一项属于长者的智力活动。然而，黑格尔借此强调的是哲学的反思能力，是对认识的再认识，是对思想的再思想。这种反思能力的自觉与强化正发生在我们的青春时刻。

事实上，哲学的反思是每个人与生俱来的能力，但是日常生活的忙碌常常使我们忘却了自身的这项天赋。生活是如此地常态化，学习也变成了记忆与背诵的过程，人们全然忘却了自己对于天地万物曾是如此惊异，全然忘却了自己对于人生百态曾有的种种困惑。孩子们常常会产生一些疑惑：假如我没有出生，那么在我位置上的这个人会是谁？我为什么会在宇宙中？我怎么能知道眼前的一切不是梦而是一个真实世界？许多孩子都会提出诸如此类“不着边际”的问题，大人们可能会觉得这是孩子气的傻问题，孩子在长大以后也会忘记自己曾提出过这些问题，但在哲学里，许多根本性问题都会变着法儿地被留存下来。

亚里士多德在《形而上学》中早就告诉过我们，哲学起源于惊异。我们每个人都会惊异，都会困惑，也都会产生许许多多的奇思妙想，这正是我们的天赋能力。在这个意义上，每一个人都能成为哲学家。对于惊异与困惑的自觉正从青春开始。“青春”意味着生命的一种新的开端，意味着给生命带去新的内容；这种“新”都是由“我”的惊异和“我”的困惑带来的。从某种意义上讲，青春与哲学的诞生是同步的。青春以发现“自我”为标志，从年少懵懂到开始思考人生、思考世界；青春是一个形成“自我”的时期，在这个过程中会不断地强化自己的反思与批判能力，从而发现那个独特的“我”。哲学也正是从发现“自我”开始的，古希腊哲学家苏格拉底援引德尔斐神庙的箴言就是“认识你自己”，儒家也常说“反身而诚”。认识自己也是认识世界、认识社会的开始。无论中西，开始思考哲学问题都是“走向成人”的必要环节，人生所追求的正是对自身信念和原则的自觉与坚守。

哲学基于对人类、对自然、对社会、对历史、对存在永恒困惑的回答而发展起来，并形成了我们对于世界的根本性理解。我们正是依据这些根本性的信念与原则来生活的，塑造我们的价值观，指导我们的行动。只有形成了一种世界观、价值观、人生观，才能安放我们所学的各种知识，才能形成生活的坐标，才能找到生活的意义。理智的头脑并不盲目接受任何教义，哲学始终以批判的眼光来审视周遭的一切。哲学意义上的“批判”就是要不断地追问“何以”如此、“为什么”如此、“凭什么”如此，这种追问有助于我们梳理各种学说，澄清各种问题，推进各种论证，进而为我们的生活做出更好的判断。

学习哲学就是要学会尊重自己的各种困惑，不断提升自己的反思能力。即便生活中有很多问题并没有明确答案，但敢于保持疑惑是我们智力上的巨大财富。日常生活常常会泯灭人们对世界的各种惊异，哲学就是要唤醒这种惊异的能力，这也是我们创造世界的根本动力。哲学作为一种反思能力与生俱来，但这与人类文明史中的哲学活动还是有很大区别。哲学是一种专业的思想活动，在历史上形成了各种学说，积淀了大量的概念与范畴，学会正确地理解中外哲学思想、精确地使用各种哲学概念，是帮助我们训练自身哲学能力的一条有效途径。

哲学学习不同于以往的学习经历，更像是一场学习革命。学习似乎就是为了去知道更多的东西，这固然有几分道理，但这样的回答显然忘记了学习背后的根本目的——学习本质上是要培养一种思考问题、探究真理的能力。哲学学习固然要借助哲学史上的许多知识，但更重要的是要去理解人类历史上的伟大哲学家们是如何来进行思考的。哲学学习拒斥一种“知道主义”，知道这或知道那并不是哲学学习的目的。学习的开端首先是要思考我为什么会提出这个问题，我为什么要思考这个问题，我究竟如何来思考这个问题。这样的思考始终根植于每个人鲜活的生命之中。

哲学学习是对各种知识结构与前提的深层次分析与反思。在各个知识领域的名称后面加上“哲学”两字，没有任何不妥之处，如政治哲学、社会哲学、经济哲学、物理哲学、数学哲学、宗教哲学、艺术哲学，甚至体育哲学、休闲哲学等。这就是哲学的特性。哲学追求思考问题的深度，是一种更为彻底的分析、一种更为透彻的探究和一种对于预设前提的再思考。哲学学习是一场马拉松，对思辨与反思能力的提升永无止境。虽然它并不能给你带来眼前的具体利益，但它是过一种经得起审视的生活的必要条件。每一个学习哲学的人，都要做好长久学习的心理准备，做好扎实的思想准备；这样未来才可能看得更高，走得更远。哲学是一场追求智慧的马拉松，也是一种拒绝愚蠢的坚定力量。

复旦大学哲学学院近年来一直致力于对青少年哲学能力的培养，在暑期都会举办“全国中学生哲学夏令营”。今天的中国有越来越多的中学生对哲学产生浓厚的兴趣，他们努力思考人生，认真阅读经典，积极参与夏令营的各项活动。这是一项完全公益性的学术活动，我们希望在中学生成长过程中，能够加入哲学的思考环节，让青春有来自哲学的陪伴与助力。学院的老师也是倾其所有来拥抱这些有着探索和批判精神的同学们，他们讲义的出版将会惠及更多的青年人。

是为序。

孙向晨

2022年2月14日

卷首语

中学生在学习和成长的过程中不可避免地要面对科学。中学阶段的许多课程，如数学、物理、化学、生物学、地理等，都是为了培养同学们的科学精神和科学素养，为日后能够理解科学甚至成为从事科学研究的人才打好基础。不少同学早就立志在未来成为一名科学家。这一切毫不奇怪，因为几乎所有的国家都把提高本国的科技实力当作国家建设的基本国策。而我国在追求国家富强、民族振兴和人民幸福，并最终实现中华民族伟大复兴的中国梦的过程中，科技发展无疑是一个十分重要的方面。

然而，真正理解科学并不容易。为了最终能够成为科学家或工程师，同学们要在学校里花费大量的时间来学习基础知识、培养研究能力。之所以如此，有两个重要的原因。一是科学要研究隐藏在日常现象背后的规律与机制，常常会得出我们无法直接观察到，甚至与常识相悖的结论。例如，我们在旅行中看到大地上有平原、山川与河流，而科学告诉我们脚下的大地是球体行星表面；日常使用的桌椅明明是由坚固耐用的木头做成的，但科学告诉我们它们是由肉眼无法看到的分子和原子构成的。二是研究方式日益更新，使用了大量的超出日常理解的思维和研究工具，例如复杂的数学模型、大型精密仪器和科学实验室等，想要理解、掌握甚至创造性地操纵这些研究工具，常常需要经过长时间的学习和实践才能达成。

科学为什么会有这些特征？这些特征又如何使科学成为人类探索世界并完善自身的认知利器？这是科学哲学要探求的中心问题。复旦大学哲学学院科学哲学与逻辑学系组织的这一系列讲座，并不想对这些问题进行系统和全面的讨论与介绍，而是要通过对科学研究和技术发展中一些具体的哲学问题展开讨论，启发大家对其进行反思，感受科学及其哲学问题的魅力。在“科学哲学究竟是什么？”的讲座中，张志林老师深入浅出地介绍了科学与哲学之间的关系，以及科学哲学的独特魅力。接下来的四个讲座讨论了不同科学研究领域中的哲学问题。杨睿之老师的“围棋、策梅洛定理、数学和宇宙”通过对游戏中必胜策略的讨论来反思数学和逻辑的一些重要性质。王球老师的“哪些动物有意识？”谈论了心灵哲学和动物心理学中一个引人入胜却充满争议的问题。徐英瑾老师的“通用人工智能离我们有多远？”探讨了当今热门领域人工智能中的一个重要的知识论和本体论问题，即通用人工智能是否可能实现的问题。在“认知科学与哲学的关系刍议”中，王球老师介绍了认知科学这个诞生于二十世纪下半叶的多学科研究领域的近期进展，探讨了其中一些极具挑战性的哲学疑问。

今天的科学已与技术发展密不可分，而技术的发展又会引发一系列社会和伦理问题。对这些问题的反思构成了最后三个讲座的主题。郁喆隽老师的“科技与人类未来”以十分生动的方式展望了科技发展如何塑造和影响人类的未来。王国豫老师的“技术伦理与人类未来”探讨了技术发展过程中所产生的伦理问题以及可能的对应策略。尹洁老师的“安乐死与临终关怀的伦理论争”则聚焦一个备受瞩目的医学伦理争论。

这些讲座涉及面相当广泛，尽管无法涵盖科学与哲学的所有问题，但我们仍然期盼它们能够帮助同学们感悟科学哲学的魅力，加深对科学的理解，坚定自己投身科学事业的雄心壮志。

黄　翔

2022 年 2 月

目录

科学哲学究竟是什么？

复旦大学哲学学院教授、博士生导师、科学哲学与逻辑学系主任

张志林

我们从科学哲学的名字上就可以看出，它是以科学作为研究对象来展开哲学讨论的，是展现哲学与科学之间密切关系的典型代表。我仿照一本关于科学哲学的导论性著作《科学究竟是什么？》的书名，以“科学哲学究竟是什么？”作为本讲的主题。这也能给我们接下来要讨论的核心内容做一个简单的提示。

现在简单地介绍一下本讲主要内容之间的关联。

首先，第一部分的标题是“三重魅力：科学、哲学和科学哲学”。科学、哲学和科学哲学三者的魅力是怎么体现出来的？它们之间有怎样的关联？通过讲述“三重魅力”可以看出，科学哲学就是要从哲学角度去研究科学。这里有个前提，即现代形态的科学已经存在了。

那么，现代科学作为科学哲学的研究对象，它是如何从哲学中脱胎出来的呢？这就是第二部分“科学革命：从自然哲学到现代科学”主要讨论的问题。从历史角度看，16—17世纪发生过一场伟大的科学革命。正是这场科学革

命的出现，为现代形态科学的形成奠定了基础，进而使得科学哲学有一个直接的研究对象。

第三部分的标题是“科学哲学：从模仿科学到超越科学”。科学哲学经历过这样的发展：从模仿或学习科学的一些特征到超越这些特征，并把科学作为研究对象来进行探索。

第四部分，我们将通过对科学哲学的一个核心问题的讨论，以期能够形成科学哲学的基本讨论方式，这就是“问题例示：科学与非科学的划界标准”。本部分要讨论的核心问题是：一种知识形态、一种研究活动要满足什么条件才是科学式的研究？或者说，有什么标准可以让我们把科学与非科学划分开，把科学与非科学中的那些伪科学划分开？

把上述问题讲清楚之后，在第五部分“结语：科技时代召唤科学哲学”中，我将以一个简要的结语来说明我们所处的这个时代非常需要科学哲学。

一 三重魅力：科学、哲学和科学哲学

首先来讲“三重魅力”。我们在此部分要讨论三个关键的概念以及它们之间的关系，这三个概念就是科学、哲学和科学哲学。我在这里引用一位著名物理学家、诺贝尔物理学奖获得者——理

查德·菲利普斯·费曼（Richard Phillips Feynman）的名言。费曼先生曾在美国加州理工学院任教，说来也巧，我2019年正好去过费曼先生任教的学校参观。有一本非常著名的费曼传记，一打开这本传记的扉页，就能看到费曼说的四句话。第一句话是："我想知道这是什么。"比如说，水是什么？大家学了化学之后就知道，水是一种无色透明的液体，它的分子结构就是H_2O。第二句话是："我想知道这是为什么。"比如说，为什么水是无色透明的液体？水的分子结构是H_2O，但为什么是H_2O呢？费曼想说，前面那两句话所显示的提问方式，就是科学家从事科学研究时的典型提问方式。相比之下，第三句话和第四句话则是在科学问题基础之上提出的更深一层的问题。第三句话是："我想知道为什么我想知道这是为什么。"再看第二句话"我想知道这是为什么"，你为什么想知道这是为什么呢？费曼说，这是一种典型的哲学式提问。第四句话是："我想知道究竟为什么我要知道我为什么想知道这是为什么。"前面已经提示了第三句话是在第二句话的基础上进行的追问，第四句话则是在第三句话的基础上再进一步的追问。费曼想说，后面这两个问句的提问方式，就是哲学的思考方式。可以说，费曼的前两句话显示了科学的魅力，后两句话显示了哲学的魅力，二者合起来则显示了科学哲学的魅力，正所谓"三重魅力"！

那么，科学与科学哲学之间是什么关系呢？简单地说，科学研究的是在人类社会和大自然中我们所接触到的环境中的那些事实是怎样的，以及它们为什么是那样的。换句话说，科学是关于事实的知识。而科学哲学是关于科学的研究，是关于科学的知识，因而它就是关于事实的知识的知识。在此意义上讲，科学哲学比科学高一个阶，因此也可以说，如果科学是一门一阶学科，那么科学哲学就是一门二阶学科，被英国科学哲学家约翰·洛西（John Losee）称为“二阶判准学”（second-order criteriology）。洛西将科学研究的对象——事实当作零阶的现象，因而，科学所干的活儿就是解释它所面对的事实，而科学哲学则是进一步对科学进行解释。对科学知识进行研究，对从事科学活动的程序或方法进行研究，对科学解释所遵循的规则或逻辑进行研究，诸如此类就是科学哲学的主要工作。

从神话到哲学-科学

从历史进程看，简要地说，人们在面对世界和自然时，最早的典型思考方式就是神话，此后又经历了从神话到哲学，再从哲学到科学的过程。我们在此不妨做一个简单的历史回顾，从词源上讲，哲学（philosophy）一词即来自古希腊的“爱智慧”（philosophia）。因此，哲学就是对智慧的爱，就是对智慧的自由追求。

我们可以说，哲学不仅仅是一种知识，它比知识更高一层，是对智慧的追求。其实也可以说，哲学是对知识之所以为知识的那些根据和理由的深入追问，是对“为什么有一种东西叫作知识”这一问题的深入追问。所以，喜欢哲学就是喜欢智慧，追求哲学的人就是对智慧的热切追求者。

标志着“爱智慧”之哲学产生的第一个概念，就是“本原”。希望同学们来到我们的暑期哲学课堂，进入哲学的学习，要努力让自己的思考方式回到“本原”。也就是说，我们不仅要学习、思考一些知识点，而且要像“本原”一词所提示的那样，思考问题时要“打破砂锅问到底”，找出我们所面对的事实的最基本的出发点、最根本的原理、最关键的根据等。追问“本原”就是要探究存在的根据，而“本原”和“存在”恰恰可以标志着从神话解脱出来以后，哲学和科学共有的思考方式的特点。具体而言，世界上有许许多多存在着的现象，这些纷繁复杂地存在着的现象是不是可能遵循同样的规律？这一提问方式自然会引发关于“一”与“多”之间关系的思考。世界上的事物千变万化，这些变化背后是不是有着不变的规律？这一提问方式同样会引发有关“恒”与“变”之间关系的思考。

从历史来看，在很大程度上可以说，哲学就是从“一”与“多”和“恒”与“变”之间关系的辩论开始的。这里就引出了两个最重要的区别。第一个是存在与存在者的区分。所谓的“存在者”，就是我们面对的许许多多、千变万化地存在着的东西。面对这些存在者，我们可以发问：它们为什么会存在，并以特定的方式存在？它们之存在是否有充分的理由或根据？是否遵循着同样的规律或规则？这里对所谓理由、根据、规律、规则的追问，就是对“存在”的探究。第二个区分是：我们如果追寻到了存在者存在的规律，追寻到了存在者背后的根据，就得到了“知识”。而如果仅仅停留在对众多千变万化的事物进行简单的描述，那就只是“意见”。也就是说，知识与意见之区别，是第二个区分的关键所在。千变万化的众多事物背后有根据、有规律、有原因，有一个表达这些意思的哲学概念叫“逻各斯”（logos）。正是因为本原式提问、存在式思考方式的发展，我们才有了“逻各斯”

这个概念。这个概念标示着哲学和科学都是理性的思维方式，标示着人类从神话式的思维方式中解脱出来了。

举个简单的例子。大家小时候都会对自然很好奇。比如，发现下雨之前常常会乌云滚滚、电闪雷鸣。我们也许会问，为什么下雨之前常常会有闪电，会有雷鸣呢？对此，有一种神话式的解释。小时候，我问我的外婆这是为什么。外婆就对我解释说，这是因为你们小孩子调皮，惹得老天爷发怒了，所以就会打雷；老天爷发怒之后眨了眨眼睛，所以就会有闪电；但你们老是不听话，最后把他气哭了、弄流泪了，天上就会有瓢泼大雨降下来。老天爷发怒了、眨眼了、流泪了，所以就电闪雷鸣，然后天上会降下倾盆大雨。这种解释就体现了典型的神话式的、拟人式的、想象式的思考方式。然而如果你去查阅《十万个为什么》，就会发现它根据一系列天气现象所遵循的那些规律去分析原因，告诉你为什么下雨之前会有电闪雷鸣。《十万个为什么》给出的解释，就代表着我们所说的科学和理性的思维方式。那么，什么是从神话中解脱出来，步入哲学-科学式思维方式的境地呢？值得注意的是，这里在“哲学”和“科学”两个词中间有一个连字符。最初，“逻各斯”体现的是哲学思考和科学思考共有的特点，那时还没有区分出哲学式和科学式这两种思维方式。因此，我们可以称之为哲学和科学共享的理性思维方式，这就是“哲学-科学式的思维方式”。

哲学-科学式的思维方式倾向于从两个视角思考问题：一个是“构成—演化的统一视角”，另外一个是“规律—现象的关联视角”。第一个视角，即构成—演化的统一视角，是“本原”概念开启的思维方式。古人一开始就从两个方面追问什么是本原：一方面，他们猜测天下万物的基本构成单元是水、气、火、数、原子，等等；另一方面，他们还关心天下万物是如何产生的。前一个方面是从构成的角度看问题，思考所有的东西是不是有最基本的构成方式；后一个方面则是从演化的角度看问题，思考所有的东西是不是都有一个起源。

大家可以想一想，我们在中学学习理科课程时就会知道，世界上所有的东西都是由原子构成的，而原子又是由原子核和电子构成的。从原子核和电子再往下分，就有更基本的粒子。这就是构成式思维方式在科学研究中的具体运用。而演化式思维方式就是要去追问世界是从哪里来的、生命的起源是什么、人类是怎么产生的。比如，生物学要追问生命的起源，地球科学要追问地球的起源，宇宙学要追问宇宙的起源。这里其实已经暗示了，这是将构成和演化两种方式统一起来的思维方式。其实我们现代科学看待问题的方式，就来自早期从神话中解脱出来的理性思维方式，即构成—演化统一式的思维方式和规律—现象关联式的思维方式，这也就是“本原”概念所表明的那种寻根究底的思维方式。

如上所说，规律—现象的关联视角就是哲学-科学式的思维方式的第二个角度，这是“存在”概念开启的思维方式。我们所看到的存在者，比如说，我们看到树叶是绿色的，我们看到天空是蓝色的，我们看到蓝天上有白云，我们看到鸟的羽毛有各种颜色的，这些就是所谓的现象。于是我们可以问：为什么天鹅的羽毛基本上都是白色的？为什么晴天的时候有蓝天？为什么树叶是绿色的？等等。我们想要解释这些现象，就需找出导致这些现象出现的原因、支配这些现象的规律，而这就是采用了规律—现象的关联视角来看待问题。

将上面所说的两个角度结合起来，就构成了从神话中脱离出来的一种理性思维方式，这也就是早期哲学和科学共享的思考问题的方式——哲学-科学式的思维方式。在这里，可以提及一本有趣的哲学导论的书，书名叫《西方哲学导论：中心保持不变吗？》（*Does the Center Hold？ An Introduction to Western Philosophy*）。我们能够把中心固定住吗？比如前面讲到的现象背后的规律，我们按本原和存在概念去思考问题，就叫遵循着“逻各斯”。走到极致时，就会在所有的问题中体现出这种思维方式。顾名思义，哲学-科学式的思维方式是哲学和科学共享的。虽然如此，但从逻辑上讲，哲学思维方式与科学思维方式肯定还是有区别的。不过，在以古希腊思想为代表的文明阶段，哲学式的理性思维方式和科学式的理性思维方式尚未被区分开来。关于世界的本原是什么这个问题，历史上的第一个哲学家，同时也是第一个科学家——泰勒斯的回答是“水”。

从哲学-科学到现代科学

如上所说，哲学和科学都是理性的思维方式，科学是从哲学-科学的思维方式中诞生出来的，这个过程就是从哲学-科学这个共同体到现代科学产生的过程。简要地说，如果哲学的某个分支一旦变得具有实践性和经验性的特征时，一门科学就可能会产生。而在科学研究中也常常会有哲学问题产生，比如说，当一个物理学家宣称某种物质是基本粒子的时候，就会产生如下问题：什么叫作基本粒子？“基本”是什么意思？一种关于基本粒子的物理学理论需要满足什么条件，我们才能说这个理论得到了证明，它是正确的？所以，对所谓基本概念的追问就是哲学式的追问。而且，对科学进行哲学式的追问，表明我们在科学研究过程中就带有哲学问题。这一点也很好地体现了哲学和科学之间的关联。

二 科学革命：从自然哲学到现代科学

探讨现代形态的科学是如何从哲学中独立出来的，就要回溯到16—17世纪那一场伟大的科学革命。有一些学者认为，这场科学革命开始于16世纪并一直延续到现在。举个例子，前几年有一本被广泛关注的书叫《人类简史》。它包括四个部分：第一部分是认知革命；第二部分是农业革命；第三部分是人类的融合和统一；最后一部分就是科学革命。也就是说，《人类简史》的作者尤瓦尔·赫拉利（Yuval Noah Harari）把科学革命看成是人类历史四个阶段的最后一个阶段，而且他用了整整七章之长的篇幅来讨论科学革命。赫拉利说："将人类带到阿拉莫戈多、带上月球的这段历史进程，称为'科学革命'。"阿拉莫戈多就是美国第一次成功完成原子弹试爆的地方。当然，原子弹的成功研制一定是科学具有极大威力的一种展现。赫拉利认为，这表明科学革命带来了巨大的作用："在这场革命中，人类因为将资源投入科学研究，取得了巨大的新力量。"但是，这场革命为什么可以被称为"科学革命"呢？

根据赫拉利的观点，与古代科学相比，现代科学有三个方面的特点：第一是批判精神；第二是科学方法；第三是技术进步。

首先，所谓的批判精神，就是我们相信人类对世界的认识是有局限性的，随着时间的推移，我们会逐步修正原来的错误观点并取得进步。其次，赫拉利指出科学方法的两个特征：第一个是观察，更恰当地说，就是系统性的观察，即实验。第二个是数学。关于这两点，我会在后面详细讲述。现代科学的第三个特点——技术进步的含义可以表达为：科学革命使得人类能够不断获得新的能力，或者说，我们不仅能创造纯粹的科学理论，而且更能让科学理论产生一些新的科技成果。

科学革命："范式转换"

什么叫作科学革命？我在这里用了"解释项"和"被解释项"两个词组。所谓的"被解释项"，就是这里提出的问题：为什么科学革命叫作"科学革命"？为什么科学革命发生在欧洲或者说西方，而不是发生在中国？而所谓的"解释项"，就是要去寻找回答问题的根据，就是要对科学革命这个现象做出解释。其中最流行的一种解释就是，科学革命是不同范式之间的转换。以现代形态的科学的产生为例，比如说，牛顿被学界公认为是16—17世纪那场伟大的科学革命的集大成者，因此有人把这场科学革命所确立的研究传统叫作"牛顿范式"。而在古代，古希腊哲学家亚里士多德思考问题的方式通常占据统治地位，学界就把那个时期所遵循的研究传统称为"亚里士多德范式"。所以，存在这样一种说法：16—17 世纪的那场科学革命其实就是用以牛顿为代表的范式，取代了以亚里士多德为代表的范式，或者说，范式发生了根本性的转换。那么，究竟是范式的哪一部分发生了转换呢？我们可以从三个主要层次来解释范式的转换：第一是哲学的基本预设；第二是科学的知识形态；第三是社会的相关背景。

为什么科学革命发生在欧洲或者说西方？有一个与之密切相关的问题，就是著名的“李约瑟问题”。这个问题说的是：在宋代，中国的科学技术水平（按照李约瑟本人的看法）远远超过西方，但为什么在宋代之后，中国的科学技术就停滞不前了，而西方则赶上中国，并发生了那场伟大的科学革命？也就是说，为什么那场科学革命没有在当时科技发达的中国发生，而是在科技相对落后的欧洲或者说西方国家发生？我们从哲学预设、科学知识、社会背景三个主要层次寻求解释项时，对哲学预设的分析和对科学知识的分析大体上属于对内史的研究，而对社会背景的分析则大体上属于对外史的研究。

科学革命与现代性

16—17世纪的科学革命不仅表明科学从哲学中分离出来，现代科学的形态在那时产生了，同时也标志着社会形态的变化，标志着整个社会从古代社会向现代社会的转型。现代社会不同于古代社会的一个最突出的特点，就是“以科学价值逐步整合一切其他认知价值”，以及“对科学的关注具有压制性的优势”。而且，这场科学革命打破了所有其他文化——非西方文化中的繁荣—萧条的循环模式。正如赫拉利所说，这场科学革命引起了科学知识和技术的不断进步，导致了社会的繁荣。可以说，现代科学的产生和现代社会的产生密切关联，而科学革命在其中起了关键作用。

如何看待科学革命？

我们应该如何看待发生在16—17世纪的科学革命呢？对此

问题，学术界有三种主流的解释，我把它们简单地称为“世界观解释”“方法论解释”和“启蒙派解释”。

所谓的“世界观解释”，顾名思义，就是强调我们看待世界的方式发生了根本性的变化。著名的科学哲学家、科学思想史家亚历山大·柯瓦雷（Alexandre Koyré）在其著作《从封闭世界到无限宇宙》的前言中写道：“多少次，当我研究16、17世纪科学和哲学思想时——此时，科学和哲学紧密相连，以至于撇开任何一方，它们都将变得不可理解——如同许多前人一样，我不得不承认，在此期间，人类至少是欧洲人的心灵经历了一场深层的革命，这场革命改变了我们思维的框架和模式；现代科学和现代哲学则是它的根源和成果。”具体而言，在那场科学革命中，世界观的变化主要体现在两个方面：第一，宇宙概念（世界概念）发生了根本性的变化；第二，与宇宙概念密切相关的空间概念也发生了根本性的变化。关于第一点，柯瓦雷的表述是“和谐整体宇宙（cosmos）的打碎”。关于第二点，他的表述是“空间的几何化”，换言之，就是用几何学的眼光去看待我们的空间。

柯瓦雷指出，16—17世纪的科学革命“将一个有限的、有序的整体，其中空间结构体现着完美与价值之等级的世界概念，代之以一个不确定的或无限的宇宙概念，这个宇宙不再由天然的从属关系联结，而仅仅由其基本部分和定律的同一性联结”。举个简单的例子，如上所述，那场科学革命可以说是从亚里士多德范式转变为牛顿范式的过程。根据亚里士多德范式，整个宇宙以地球为中心，地球从最低层到最高层分别由土、水、气、火四种“元素”构成，地球之上的天体则由“以太”构成。因为支配每一层的规律是不一样的，所以无论是地球与其他天体之间，还是地球上各层之间，都是有等级差别的，而各等级共同构成了一个和谐的整体。然而，在牛顿范式占据统治地位的地方，无论是地球上的物体，还是其他天体，它们都是由基本粒子构成的，并且全都遵循同样的规律。因此，从亚里士多德范式到牛顿范式的转换，就表明了人们的世界观发生了根本性的变化。如上所说，根据亚里士多德范式，空间是有等级的；而根据欧几里得几何学，空间在本质上则是一个无限且均匀的广延。总而言之，一场科学革命的发生使人们心目中的世界图景和空间概念发生了巨大的变化。

所谓的“方法论解释”，就是在那场革命中诞生了一种不同于传统的研究自然的方法论模式。按照爱因斯坦非常简洁的说法，就是以伽利略的研究风格为标志，出现了一套完整的“数学+实验”方法论。前面提到，《人类简史》的作者赫拉利说现代科学不同于古代科学具体表现为三点，其中第二点便是现代科学以观察和数学作为主要特征。这就表明，现代形态的科学是数学和实验科学的系统性结合，而这在16世纪之前是从未发生过的。著名科学哲学家詹姆斯·费茨尔（James Fetzer）不仅和爱因斯坦持有同样的观点，即倾向于从方法论角度看待现代科学的特点，而且还从科学方法论的角度出发，尝试重构科学哲学对现代科学的分析。他撰写的《科学哲学》一书，就是以科学方法论解释作为根据，尝试刻画科学的基本特征，以及提供科学哲学结构的范例。按照费茨尔的尝试，从科学方法论的角度看待整个科学的历史和基本特征的三种类型，在科学哲学中形成了三大派别，可分别称之为归纳主义、演绎主义和溯因主义。其中，归纳主义强调实验观察与归纳推理；演绎主义强调面对问题时，要大胆猜想可能的定律或理论，然后通过实验尝试对猜想进行反驳；溯因主义则强调在面对现象难题时，要尽力给出最佳的理论解释。

如果说世界观解释和方法论解释注重所谓的“内史解释”，那么启蒙派的解释则更加侧重于“外史解释”。在此，以《科学文化的兴起：科学与现代性的塑造》一书作者斯蒂芬·高克罗杰（Stephen Gaukroger）的有关论述为例。如果启蒙派的解释把科学看成是不同文化（比如西方文化、中国文化、阿拉伯文化等）的产物，那么有两个事件的出现对科学革命具有标志性的作用，它们分别是“哥白尼主义”和“达尔文主义”。按此，哥白尼主义就是16—17世纪科学革命的起点，到牛顿结束。所以，也有人将这场科学革命称为“哥白尼革命”。达尔文主义启发人们从启蒙的角度看待科学，而启蒙的含义就是使理性思维在民众当中得到普及，使民众的思维方式从原来的一些束缚中解脱出来。高克罗杰给出了自己注重这两个事件的根据：一是它们和传统宗教之间的对抗；二是它们与传统哲学的决裂。在“哥白尼革命”之前，人们认为整个宇宙以地球为中心，太阳围着静止的地球转动。哥白尼指出这个观点是错误的，地球不是静止的，是运动的，而且是围着太阳转动。在达尔文主义产生之前，人们认为上帝创造出来的所有物种都是不变的，没有物种演变或进化的概念。有一种幽默的说法，“哥白尼革命”把人从宇宙的中心和特权位置上赶了下来，达尔文的演化论则使人从上帝的宠物变成了与动物有亲属关系的生物，后来的弗洛伊德心理学指出人不仅是理性的生物，更是由非理性的情绪支配其思想和行为的生物。强调诸如此类的学说对特定时期人们思想的冲击，是启蒙派的解释所具有的一个特点。从社会角度出发，启蒙派的解释还强调，现代科学作为一种看待世界、研究自然的方式，具有自主性，而这与科学的独特方法具有密切关系，就像培根倡导“知识就是力量”也与科学的独特方法密切相关一样。

以启蒙派的解释看待科学革命的另一个角度是，它特别注重科学革命的“巩固问题”。过去，人们似乎只关注科学革命的“发生问题”，比如，为什么 16—17 世纪的科学革命发生在欧洲，而不是在中国？好像解决了这个问题，就能确定现代科学的合法性。但启蒙派的解释认为，科学革命是如何发生的与科学革命是如何得到巩固的，是两件事情。只回答科学革命是如何发生的这一问题，并不能顺其自然地就回答了科学革命是如何得到巩固的这一问题。因此，启蒙派的解释独立地提出了一个重要的问题，即除要研究科学革命的发生问题之外，还要研究科学革命的巩固问题。这是启蒙派的解释所具有的洞见之一。

正如高克罗杰所说：“当我们一旦认真思考巩固的问题，哪怕只需要片刻的思考，我们就应该意识到科学革命的发生是不可能解释科学革命后怎么样得以巩固的。”这里所谓的“巩固”，其实就是科学的合法性问题、科学的身份问题。高克罗杰又进一步指出：“科学事业是一个合法的冒险：它关心的是一个特定的活动（科学）的凭证和身份。这样的巩固过程的目标是将科学打造成认识活动的模型。举个例子，我们不该假定这种类型的大规模的科学巩固活动是亚历山大城、阿拉伯－伊斯兰或中国科学的纲领的一个组成部分。……大规模的科学巩固思想并不是这样的科学事业所固有的东西，但却是科学革命以后的科学事业固有的东西。”因此，我们需要解释，为什么在欧洲科学革命发生之后，科学革命得到了巩固和普及，并一直得以延续至今。

要解释这个问题，就需要了解16—17世纪科学与宗教的关系。很多人可能在以前接受的教育中获得了一种常识性的观念，认为西方在经历了漫长的、黑暗的中世纪之后，科学终于战胜了宗教，巩固了自己的地位。但这种说法是错误的。实际上，回溯历史，我们会发现，科学的巩固过程极大地依赖宗教，特别是极大地依赖宗教所引发的一种情感，这种宗教情感激发了大量的自然哲学研究。其实，直到19世纪，科学作为一种社会职业才得以确立，成为与宗教相分离但并非对立的领域。其实早在17世纪基督教是接受自然哲学的，这里所说的“自然哲学”就是那时的科学。正如前面所说，科学最初和哲学是不分家的，所以在那场科学革命产生的初期，还没有“科学”（science）这个词，当时的科学还被人们称作“自然哲学”。而“科学”“科学家”这些词则是到科学已经取得巨大发展的19世纪才产生的。当然，现代科学的产生自有其社会原因，其中一个原因就是对《圣经》研究的改变。在17世纪，不少牧师认为，对《圣经》的研究应不限于宗教的启示性研究，还可以进行历史的、社会的、心理的研究。

我在这里引入两个著名的命题来思考这个问题，一个是“韦伯命题”，一个是“默顿命题”。这两个命题正是从宗教的角度去解释现代社会的产生和现代科学的巩固。“韦伯命题”讲的是一种宗教情感因素以及与之相合的行为规范，促进了现代社会的产生和巩固。与此相似，“默顿命题”讲的是一种宗教情感因素以及与之相合的行为规范，使得现代科学在产生之后得到巩固。

韦伯命题可以这么表达：由新教伦理规范所造就的群体心理，孕育出了资本主义精神，促成了资本主义经济体系的产生、巩固和发展。我们知道在科学革命产生之前，以英国为代表的西方世界发生过一场宗教改革运动。我们平常所讲的广义的基督教包括三大教派，即天主教、新教、东正教。狭义的基督教和天主教有区别，新教则是在科学革命之前产生的。在我看来，新教和清教有很多共同点。

如上所说，韦伯认为，由新教的伦理规范所造就的群体心理，孕育出了资本主义精神，促成了资本主义经济体系的产生、巩固和发展，或者说，孕育出了现代社会。其实，默顿命题也正好是在韦伯命题的启发下提出来的。20 世纪 30 年代，罗伯特·金·默顿（Robert King Merton）还是一名学生，在哈佛大学攻读博士学位，他最终完成的学位论文就是《十七世纪英格兰的科学、技术与社会》。正是在这部论文中，默顿提出了这个命题："由清教主义促成的正统价值体系于无意中增进了现代科学。"这当然属于外史研究。而默顿又指出"清教精神对科学方法并无直接影响，这只不过是在科学内部史中的一种平行的发展而已"。对科学方法的研究属于科学内史研究，默顿认为外史研究和内史研究是一种平行的关系。

我给出一个图示，启发大家思考怎么分析前面讲的韦伯命题和默顿命题，因为它们都涉及一种宗教道德伦理的规范与群体的道德心理，都是情感因素。这里的三角图说明，情感因素与言语因素之间是直接关系，情感因素与行为因素之间也是直接关系。比如，有什么样的情感，就会产生什么样的言语表达，就有什么样的行为方式。而言语与行为之间的关系却是间接的，也就是说，有什么言语未必就有什么行为，有什么行为未必要用言语说出来。但是，在这背后一定有促使言语产生，促使人采取某种行为方式的那样一种触动性的情感因素。这个分析图是以一位美国社会学家的名字命名的，叫作“帕累托分析图式”。

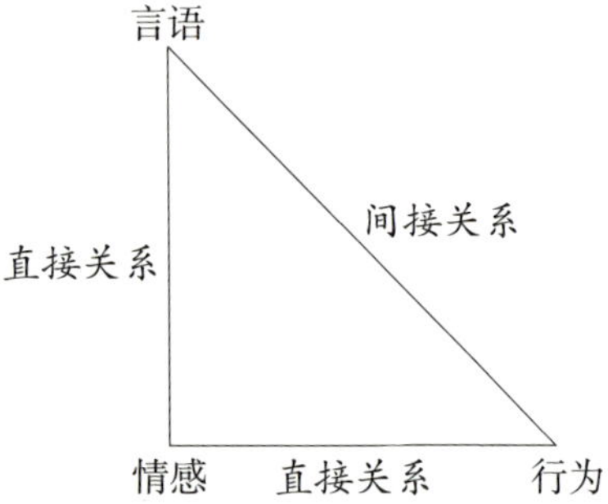

帕累托分析图式

科学史研究：内史与外史

著名的科学社会学家斯蒂芬·夏平（Steven Shapin）也强调，默顿的研究是关于外史的研究，是一种关于科学发展动力学和社会规定的研究，可以从两个方面来理解。一方面，默顿专注于提出一个作为整体的17世纪晚期英格兰的社会与文化动力学的“因果假说”。现在同学们已经知道，那场伟大的科学革命产生于16世纪。而17世纪晚期就处于科学革命产生之后，面临着科学是否能够得到巩固和普及的问题。根据默顿命题，夏平所说的“因果假说”的含义可简略地表述为：清教伦理所给出的伦理规范所导致的激情使得科学在英格兰得到了巩固。另一方面，默顿试图说明在学术研究的问题领域或学科主旨之间的兴趣转移模式。按此，从17世纪开始，科学逐渐成为最主要的、压倒性的社会关注领域。而且，默顿认为这并不是一个人们有意为之的过程，而是一个呈现为无意的、非预期性的过程。

自然哲学：思辨的与实验的

前面已经提及，在发生科学革命以前以及在科学革命时期，人们所从事的科学研究被称为“自然哲学”。在科学革命时期，所谓的自然哲学研究，可分为思辨性研究和实验性研究。二者在数学和实验的引领之下，逐步演变成了现代形态的科学。其中实验性自然哲学的发展又大体可分成两个阶段：第一阶段是 16 世纪后半叶，即科学革命的早期。第二阶段始于 17 世纪 60 年代，即科学革命的巩固时期。那时，科学革命的巩固问题，是英国皇家协会关注的一个核心问题。

在当时的情况下，基于思辨的自然哲学包括物质理论，而机械论则是物质理论中最典型的一种形式。物质理论有一个最简单的特征，即在本原概念的启发下，提出一种系统的理论。例如原子论主张，从根本上说，物质都是由原子构成的，而原子是不可分的微小粒子，原子之间的组合就构成了各种各样的物质。很容易看出，这样一种思路延续至今。而在物质理论中，有一种理论占据统治地位，这就是机械论。机械论认为，物质的运动只是位置的移动，而没有本质的变化。机械论的目标，就是要解释物体组成部分的属性和排列是如何以因果形式决定其行为的。

在科学革命时期，另一种基于实验和观察的自然哲学研究，人们称之为“Natural History”。从字面意义上看，“Natural History”是关于自然的历史，即自然史。这种理解没有错，但这种研究不局限于自然的历史，所以很多中国学者主张将“Natural History”翻译成“自然志”或“博物学”。所谓“志”，就是把我们所观察的东西记载下来，整理分类，并力求给出清晰的描述。

由此可见，自然志（博物学）研究的基础是观察和分类，而在科学革命时期出现的系统化的实验和观察则是其新的发展动力。因此，自然志（博物学）研究有别于物质理论研究的显著特点之一，是这种研究注重经验、注重观察、注重实验，而不是刻意寻求一种统一的解释。所以，从偏向于思辨性自然哲学向侧重于实验性自然哲学的过渡，显示出从哲学形态过渡到独立的现代科学形态的转变，而定量化的、系统化的实验和观察在这一过程中起到了关键作用。这也印证了前面提到的爱因斯坦所说的，现代科学的主要方法论产生的标志就是伽利略所开辟的数学加实验的研究方法。

有趣的是，物质理论研究者和自然志（博物学）研究者的身份其实是可以相互转换的。比如说，笛卡儿就从物质理论的统一性研究，最后过渡到了对自然志（博物学）的关注。反过来，波义耳则是从自然志（博物学）的研究开始，最后走向了物质理论的研究，并提出了著名的“微粒说”。这说明，科学革命时期的研究者对待这两种类型的研究，可以采取两手抓的策略，也可以从一种研究向另一种研究过渡。

为什么自然志（博物学）研究会重视实验的作用呢？因为这种研究强调经验证据，收集证据之后还要对其进行归类、做出描述，而经验证据正是实验关注的焦点。有趣的是，证据的收集和评判在法律研究、《圣经》研究，以及公民社会研究中都有所体现。为什么实验性的自然哲学会得到巩固？因为当时的社会强调基于证据去评判对错。

什么样的解释才是自然哲学中适当的解释呢？从方法论来看，

有两种研究自然的方法：第一种是物质—理论的研究方法。它是物质理论的发展。第二种是自然—历史的研究方法。它与自然志（博物学）的研究相对应。这里有一个关键的变化：物质—理论的研究方法受到本原和存在概念的启发，即主张在现象背后有看不见的原因和规律。因此，当物质—理论的研究方法从这个维度去分析因果关系时，就会认为结果实际上就是看得见的现象，而原因则是看不见只能靠理性思维去把握的规律。但根据自然—历史的研究方法，当我们在讨论因果关系时，讨论的却是从一种现象到另外一种现象之间的关系，而不是一种现象与其原因或规律的关系。这就是由两种不同研究方法所引起的对因果关系的不同理解。

举个例子，笛卡儿和牛顿关于颜色的研究和争论，他们研究颜色时采用了不同的方法。笛卡儿发展起来了几何光学，之后为了解释颜色就转入了一个完全不同的领域——物理光学。这种做法就属于物质—理论的研究方法，其特点是以机械论为基础去寻求统一解释。相比之下，牛顿却没有诉诸潜伏于现象层面的作用效果背后的物理原因来解释颜色，而依然在几何光学领域，研究一种现象与另一种现象之间的因果关系。换言之，笛卡儿所追求的是现象背后看不见的原因或规律，而牛顿关注的则是一种现象与另外一种现象之间的因果关系。

总结一下，16—17 世纪的科学革命产生了对因果关系的三种理解方式：其一，从现象背后去追溯原因，即纵向的、还原论式的因果观念；其二，只关注一种现象与另一种现象之间的因果关系，即横向的、现象层次的因果观念；其三，把纵向因果观念和横向因果观念结合起来，可称之为纵横交错的综合性的因果观念。

这样，就能大体上说明我们现在对因果关系的理解和分析。大家今后在讨论 a 和 b 之间的因果关系时，就可以尝试着分析一下它是属于纵向型的、横向型的，还是综合型的。

自然哲学的数学化和定量化

数学化的加强和定量化实验的引入，使得自然哲学的数学化和定量化过程变得更容易理解。从科学史案例看，哪一个研究纲领最能体现科学革命时期的数学化和定量化特征呢？学界公认，从伽利略到牛顿的力学研究纲领堪称典范。在历史传统中，人们倾向于把力学分成三种类型：静力学，研究处于平衡状态时的物体，以阿基米德为典型代表；运动学，研究运动中的物体，以伽利略为典型代表；动力学，研究运动的原因，以牛顿为典型代表。众所周知，17 世纪物理理论研究的最高成就是动力学。而数学化、定量化的牛顿三大运动定律以及万有引力定律，则是科学革命时期动力学伟大成果的集中展示。

值得注意的是，在传统教育中，一提到数学、语言，人们往往就会认为它们仅仅是计算、表达的工具。其实，这种观点是浅薄的，甚至是错误的，因为数学和语言不仅仅是工具，而且更是我们与世界打交道的基本方式，是我们探索世界的思维方式，是我们看待和表达世界的概念框架。我们已知，16—17 世纪的科学革命导致了宇宙观念和空间观念的巨大变化，据此方可理解为什么柯瓦雷主张从宇宙观和空间观变化的角度去看待科学革命。比如，用几何的眼光理解空间，并考虑几何与代数的关联，就有了大家所熟知的笛卡儿坐标，据此所有关于空间的表达都可以转换成代数表达。因此，就如同几何成为人们看待空间的方式一样，代数也变成了人们看待世界的一种方式。于是，也就容易理解，我们现在对科学规律给出的最典型的表达形式就是一组数学方程。这些数学方程不仅仅是计算工具，更是对科学研究对象所遵循的规律的描述。也就是说，自然界中存在着这么一类东西，它们遵循着一些规律，而这些规律制约着物质的存在、运动和变化。因此，数学方程式就是对自然规律的刻画，就是对世界结构的表达。简言之，“数学＋实验”不仅应被看成一种计算推理和实践操作的工具，更应被看成一种概念框架、一种看待世界的思维方式和独特视角。

我们可以通过伽利略对自由落体定律的表达来重看“数学＋实验”。伽利略的自由落体定律可以用两种方式来表述：第一种表述，匀加速运动是适用于所有落体运动的运动分量；第二种表述，所有的物体在真空中均以相同的匀加速度下落。这两种表述方式完全不同：一种表述关乎“所有落体运动”，首先界定了是落体运动；而另一种表述则不管是什么运动，所有的物体在真空中都会以相同的匀加速度下落。那么，这两种表述之间有什么关联呢？如何将第一种表述转换成第二种表述？其实，在这种转换过程中，实验起着至关重要的作用，因为实验不仅关乎真伪的检验和确证，还关乎数学架构的力学理论与实证规范的自然哲学之间的联结。也许正是在这个意义上，爱因斯坦才说，现代科学的产生在方法论上最典型的特征是“数学＋实验”。

知识的统一

现在可以问：为什么现代科学被称为“科学”？为什么数学、

物理、化学、地理、生物学全都被称为“自然科学”？这就引出另一个重要的问题：为什么科学知识具有统一性？从历史上看，在科学革命以前，特别是从13—16世纪，存在着两种将知识进行统一的模式：一种是亚里士多德传统的认识统一观念；另一种是基督教传统的认识统一观念。在科学革命时期，出现了一种新的统一方式，就是机械论的物质理论。在科学革命的过程中，实验和观察起了什么作用呢？显微镜的发明值得注意。显微镜使得人们看见了原来看不见的细胞。经推论可知，那些极小的粒子，从理论上说，也成了可见的。实际上，从波义耳到牛顿，许多科学家都认为整个世界都是由各种各样的微小粒子构成的，这就是“微粒说”的基本观念。在这里，不仅理论起了作用，实验和观察仪器，如显微镜，也起到了关键的作用。关于显微镜在科学认识中，特别是在科学革命时期，起到了什么作用的问题，科学哲学领域已有一些很好的研究成果。比如，显微镜能帮助我们探索物质的构成，如根据本原概念提出的构成问题——物质由哪些最基本的成分构成？等等。

关于知识的统一，有三个关键主题：第一个是普遍的因果关系，如微观粒子之间和微观结构与宏观现象之间的因果关系的统一；第二个，从社会政治层面上讲，就是政治—神学与自然哲学的统一；第三个就是物理—神学与自然哲学的统一。实际上，这些主题都在思考为什么我们的数学、物理、化学、地理、生物学全都可以称为“自然科学”，为什么静力学、运动学、动力学的研究主题都可以被称为“自然定律”，为什么我们对一切光的研究、力的研究、能量的研究都属于“物理学”，等等。对诸如此类的问题，我们都可以从上述三个角度进行分析，要么从普遍的因果关系进行分析（内史分析），要么从政治—神学关系或物理—神学关系进行分析（外史分析）。在此就不做具体分析了。

科学革命：我的解释思路

对于科学革命，我比较看重内史分析。如上所说，在历史上，原为一家的哲学和科学经历了从神话思维中独立出来的过程，这两者都是理性思维方式的典型代表。而16—17世纪科学革命的主要特征之一，就是再进一步将科学从哲学中独立出来。对此分家过程，我注重的是内在观念演变的哲学分析，或者叫作科学革命的概念基础分析。其实，柯瓦雷的宇宙观和空间观分析就是这种思路的一个实例，爱因斯坦所看重的方法论分析是这种思路的另一个实例，而他们的分析所得都可以跟我的观点兼容。

接下来需要做两件事。一件是论证科学革命的概念基础是由哲学奠定的。我前面提到了“本原”和“存在”两个概念，对它们的不同理解，以及根据对它们的理解所引出的对因果关系的新理解，都是从哲学角度为科学革命奠定的概念基础。因此，我认为“本原”和“存在”概念为科学革命奠定了哲学基础，也可以说，哲学对科学具有奠基意义。

在学习现代科学的过程中，同学们在数学、物理、化学、地理、生物学各门学科中，应该能发现此处讲的“构成—演化式的概念框架”和“规律—现象式的解释结构”随处可见。比如，要解释为什么纯净的水是无色透明的液体，而不是黄色的，也不是绿色的。我们就要分析水的化学结构——H_2O，以及它与水的物理性质的关系，这就采用了“规律—现象式的解释结构”思考方式，即根据“所有水分子的化学结构都是H_2O”这一定律式的陈述，可以解释“纯净的水是无色透明的”这一物理现象。如果我们要追溯宇宙的构成和演化，也就是解释基本粒子怎么构成整个宇宙，如何演化成了目前的宇宙状态，那么这就是在用“构成—演化式的概念框架”来思考问题。同学们可以尝试做这样一种哲学检测，看看在那场科学革命中，哲学是不是真的为现代科学奠定了概念基础，从而使得现在从事科学研究的基础方式离不开“构成—演化式的概念框架”和“规律—现象式的解释结构”的制约、引导和启发。

我们也可以在历史上找到一些典型的范例。历史上的第一个范例就是毕达哥拉斯学派的“数本原论”。我们问什么是宇宙的本原，泰勒斯的回答是“水”，而毕达哥拉斯则认为“数”才是宇宙的“本原”。从数学之眼看世界，毕达哥拉斯特别强调宇宙中各种事物之间的和谐关系，因为他发现“数”可以度量事物，而事物之间有尺度、有规律、有和谐，前面讲的“逻各斯”与此有关。我认为，从思想脉络和历史证据来看，“数本原论”为16—17世纪科学革命中人们用数学框架、几何眼光看待空间，用代数方式转换几何表达，奠定了概念基础。这种观点把数学作为我们看待世界、研究自然、表达规律的必不可少的概念框架和分析工具，以至于迄今仍存在一种很流行的观点，即看一门科学是否成熟，就可以看它将数学框架运用到什么程度，是不是用数学方程表达了一系列的规律。

关于“本原是什么”这个问题，亚里士多德认为“本原”不是一种“元素”，土、水、气、火这四种“元素”构成我们所居住的地球，“以太”则构成其余的天体。但这里有一个疑问：土、水、气、火是不是基本的“本原”？或者说，它们是不是最基本的“元素”？受库恩的启发，在我看来，其实土、水、气、火还不是亚里士多德心目中最基本的元素，因为他认为，要理解这四种元素，还得借助于冷、热、干、湿这四种本原性的性质。换言之，冷、热、干、湿比土、水、气、火处于更基本的层次。具体地说，土是什么？土是干、冷两种性质的结合。水是什么？水是冷、湿两种性质的结合。气是什么？气是湿、热两种性质的结合。火是什么？火是干、热两种性质的结合。所以，我把这种观点称为“原性论”，即本原性质（冷、热、干、湿）是构成世界的基本要素，因而，在亚里士多德那里这也是分析宇宙构成和演化的概念基础。

亚里士多德还提出了“四因说”。所谓的“四因”，就是四种原因，即质料因、形式因、动力因和目的因。以亚里士多德所举的例子来说，比如建造一栋房子，砖、瓦、木料、钢柱、横梁等就是建造房子的质料因。你要建成什么样的房子，就要设计它的结构，这就是建造房子的形式因。你开始动工去修建这栋房子，这就是动力因。你建房子的用途是什么？比如用来居住，这就是目的因。在16—17世纪的科学革命中，因果关系在力学中得到了集中的表达，因此大家容易想到，亚里士多德提出的四种原因中的动力因在当时得到了充分的重视。这一分析可加深我们对当时动力学成为科学研究集大成者这一现象的理解。

关于“本原是什么”这个问题还有一种回答，即万物都是由原子构成的，原子就是本原，因为原子是不可分离的、最小的物质、最小的微粒。这种最小的微粒小到我们用肉眼看不到，但显微镜的发明使得我们在理论上可以推论有最小微粒（原子）存在，似乎还可以通过实验的手段间接地进行观察。最后，原子概念从一个哲学的猜测式、不可能在经验上得到检验的概念，变成在经验上可检验的对象。“原子”从一个理论猜测式的哲学概念演变成一个具有经验可检验性的科学概念，其显著标志就是道尔顿的倍比定律，因为根据这个定律可以推算出原子量，给原子的重量一种定量化的表达，从而具有经验的可检验性。随后，继续追问一个基本粒子是否还有更基本的构成，就这样一步一步地进行下去，最终使得原子不可分的观点被打破了。尽管如此，对物质基本构成这一问题追问的思维方式却是不变的。以上就是我对科学革命的基本认识。

三 科学哲学：从模仿科学到超越科学

现代科学在那场伟大的科学革命中诞生了，科学也随之得到了极大的重视。从此以后，科学得到了整个社会压倒性的关注。当然，这也引起一些人从哲学的角度去分析、反思、研究那一场科学革命。科学有哪些特点？是不是哲学也可以学习这些特点呢？我将该节的标题定为“科学哲学：从模仿科学到超越科学”，就是为了显示这样的问题意识。中文的“科学哲学”，在英文中对应着两种不同的表达。第一种是“Scientific Philosophy”，它暗示着哲学要学习科学、模仿科学。比如，由于科学研究采用了数学和实验的方法，科学结果便更加具有精确性的特点。那么，我们可以提问：如何增强哲学研究的精确性？即使哲学不能像科学那样得到严格的检验，是否应该要求它与经验证据有关？这相当于要求哲学向科学学习，特别是学习科学的研究方法。因此，就有了“科学式的哲学”（Scientific Philosophy）这种表达方式。其实，早期科学哲学的产生就是从这里起步的，这也导致最后哲学和科学的界限越来越模糊，甚至发展到极端，哲学和科学就没有区别了。当人们意识到现代科学从哲学中独立出来，其实就表明了二者间有重大区别，重视这个区别，并从哲学的角度集中精力去研究科学，便形成了对“科学哲学”的第二种英文表达“Philosophy of Science”，即“关于科学的哲学”，就是强调把科学作为对象来进行研究。当然，把科学作为榜样来效仿，也承诺了这里有个前提，即那场发生于16—17世纪的科学革命发展到19世纪，已经得到了巩固，科学已成为一种独立的职业，科学家也成了一种受人尊敬的身份。

科学史的相关研究记载表明，“科学家”（scientist）这个词在19世纪已有三个人各自进行发明和使用。有意思的是，著名的科学家、科学史家、科学哲学家威廉·休厄尔（William Whewell）在接近19世纪中期的时候，写了一本非常著名的书《归纳科学的哲学》（*Philosophy of the Inductive Science*），有人把这本书看成是科学哲学产生的标志。休厄尔曾经在1834年写过一个很有意思的评论。他说，在过去的三个夏天里，即在1831年、1832年和1833年的夏天里，在英国的约克、牛津、剑桥举行了著名的科学促进会（那时已经有了科学促进会，说明科学此时已经得到了巩固）。参加会议的英国科学促进会的成员们已经沉重地感受到了这样一个事实，即竟然没有一个与他们的研究工作相关的通称，以供这些绅士来描述自己的身份。他们觉得“哲学家”或“自然哲学家”之类的称呼已被用得过于宽泛，而且显得高高在上。因为那场科学革命的重要社会效应之一，就是使科学从哲学中解脱出来了，所以此时还用“哲学家”或“自然哲学家”之类的称呼就显得毫无新意了。如果采用“专家”（savant）一词，似乎又显得有点傲慢。于是，有个聪明的绅士提议（经考证，人们发现休厄尔评论中所说的那个“聪明的绅士”就是指他本人），借鉴“艺术家”（artist）一词进行类比，可以构造一个新词“科学家”（scientist）。从此，便有了“科学家”这一称号，“科学”这门新型职业也随之得到了命名。

当然，科学在社会上真正成为一门成熟的职业，其实已经是20世纪上半叶的事了。特别是相对论革命和量子力学革命在当时的社会上产生了广泛的影响。在此背景下，一些专业团体应运而生。这些专业团体中的学者聚焦于从哲学角度对科学进行全面深入的研究。同时，许多大学也开始开设一些相关的学科、专业、课程，成立一些协会，创办一些杂志，召开一些会议。于是，作为一门专业性学科的“科学哲学”（Philosophy of Science）才真正确立起来，并得到蓬勃发展。

现在可以提出这样一个问题：从哲学角度，如何看待作为科学哲学研究对象的科学？应该注意两个视角：其一，关注作为研究成果的科学知识，以及作为研究路径的科学方法，如科学定律、科学理论，以及检验模式、解释结构等；其二，重视作为科学共同体成员所从事的研究实践，亦即利用科学方法获得科学知识的社会实践活动。因此，当我们关注科学哲学谈论“科学”时，应该注意，在特定语境中，究竟是在对科学知识和科学方法进行哲学分析，还是在对科学共同体的实践活动进行哲学分析。

当然，对科学进行哲学研究时，可以有以下几个哲学角度：存在论研究、知识论研究、价值论研究、伦理学研究或元哲学研究。比如，存在论问题：电子是不是真实的存在物？为什么电子和原子核电量相等、电荷相反？知识论问题：在什么样的情况下，一个陈述有资格被称为科学知识？一个什么样的科学理论比另一个科学理论更好、解释力更强、预测更精确？伦理学问题：科学研究应遵循哪些伦理规范？怎样从道德角度评价一项科学研究？元哲学问题：科学哲学的基本特征是什么？科学哲学与科学史、科学社会学、认知科学等之间的关系是怎样的？

四 问题例示：科学与非科学的划界标准

科学哲学研究的范围很广。比如，如何判断什么是科学的知识、定律性的陈述、科学性的理论？如何判断一个科学理论比另一个科学理论更好，以及一个理论的预测比另一个理论的预测更加精准？在此我想以一个关键性的问题来展示科学哲学研究的风貌。这个问题通常被称为“划界问题”，或者说，就是关于区分科学与非科学的标准问题。

我们从一个有趣的案例开始。英文“Creation Science”翻译成中文为“创世科学”，顾名思义，大家很自然地就会想到《圣经·创世纪》。《圣经·创世纪》中叙述说，上帝用6天时间创造了整个世界，到第7天就休息了，于是延伸出所谓的“礼拜天”。

所谓“创世科学”讨论了宇宙、地球、地球上包括人类在内的生命是怎样被创造出来的问题。因此，它涉及我们所在的世界、地球，以及我们人类自身。那么，“创世科学”究竟是不是科学呢？有一个与之相关的真实故事：1995—1996年，美国有五个州相继立法，要求在其州立学校的“科学教育”（Science Education）课程中，给予“创世科学”和生物进化论以同等的地位。这暗示我们在1995年或1996年前，那五个州的州立学校的科学教育课程中，只有生物进化论，而没有“创世科学”。那么，为什么在此之前美国不允许各州立学校的科学教育课程讲授基于《圣经·创世纪》的宗教学说呢？因为美国宪法规定了政教分离原则。在这一背景之下，从1995—1996年开始，一种为“创世科学”辩护的迂回战术出现了，这种辩护策略宣称：“创世模式至少与进化论一样是科学的，而且也与进化论一样是非宗教的。”

这件事情的出现，要求我们对一种学说究竟是不是科学进行判断。在阿肯色州的立法辩论中，法官们须对如下问题给出回答：“创世科学”究竟是不是科学？当然，想要回答这个问题，就须有一组判定何为科学的标准，也就是区分科学与非科学的标准。当时，法官们求教了一些科学哲学家，这些科学哲学家列出了一些判别标准。最后，威廉·奥弗顿（William R. Overton）法官概括了辩论中的一些用于判定一种学说是否有资格称为科学理论的标准：（1）陈述自然规律；（2）能够根据自然规律解释广泛的经验现象；（3）能够接受住经验事实的检验；（4）结论是暂时性的，具有原则上的可修改性；（5）具有可证伪性。以上这五条标准都涉及一个重要的问题，即一个理论是否有可能得到经验的检验?比如说，如果一个理论陈述的是科学定律，那就应该得到科学的检验；如果要判断一个理论对经验现象做出的解释、预测是否正确，就必须通过实验去确认该理论是否具有经验的可检验性。总而言之，所有判断标准最后都集中在可检验性这一点上。

如果把科学作为知识，那么，科学必须具有经验上的可检验性。什么是可检验性?对此，历史上存在不同的回答。比如说，逻辑实证主义者从可证实性来理解可检验性，而证伪主义者则用可证伪性来回答什么是可检验性。

如果把科学作为一种实践活动，那么，科学必须具有范式上的可识别性（这就是一种广义的可检验性）。科学的范式不同于非科学的范式，科学家团体不同于非科学家团体。那么，什么叫范式上可识别呢?科学范式不同于其他范式，大体上可以从以下几个方面来界定：第一，“本体论—方法论模型”。例如，经典力学预设了微粒及其相互作用的存在，承诺了“数学 + 实验”方法的有效性。第二，尽量采用符号和公式来表达科学定律，或者说用全称陈述来表达科学定律。比如说，$F = ma$（牛顿第二定律），“所有的金属都具有可导电性”，而不仅仅是“有一些金属具有可导电性”。第三，存在着作为专业训练典型的范例。比如，物理学和化学老师在解释完那些最基本的概念以后，常常会给同学们讲解一些经典例题，这就是标准的范例。第四，用于评价科学理论的认知价值标准，如一致性、简单性、可信性、精确性、丰富性等。顺便提一提，我们已知，科学革命就是用一个范式去取代另一个范式。与此相关，著名的科学哲学家、科学史家托马斯·库恩（Thomas Samuel Kuhn）提出了不同科学范式之间的“不可通约性”问题。当然，还有很多有趣的问题，我在这里没办法一一讲解。

五 结语：科技时代召唤科学哲学

最后，我们以一个简要的结语——“科技时代召唤科学哲学”来结束这次讲座。我用两个概念来表达当代情境，第一个概念是“科技时代”。《人类简史》用六章篇幅讨论科学革命，但其中最后一章的标题很悲观，叫作“智人末日”。该书作者赫拉利对人类发展到最后的状况态度并不乐观，这表明一个问题，即科学革命有好的一面，也有坏的一面。比如说，以科学作为最主要的甚至是压倒性的评价标准去衡量其他一切事物的这种做法有功有过，很多人反思过这种做法带来的负面影响。这就引出了第二个概念“现代性危机”。赫拉利在《人类简史》中写道：“我们生活在一个科技时代。许多人相信，有了科技就能找出所有问题的解答。为什么现代人越来越相信自己能够靠着研究取得新的能力？又是什么促进了科学、政治和经济的结合？”这种提问加强了对“现代性危机”问题的思考。

这里借用两个文本来帮助大家理解“现代性危机”这个概念。著名哲学家尤尔根·哈贝马斯（Jürgen Habermas）在一场题为“现代性的概念”的演讲中，就“现代性”这个概念提出了三个问题：第一，哲学家何时、何因会对解释现代状况发生兴趣？第二，对现代性的哲学解释为何具有理性批判的形式？第三，哲学在解答现代性问题的过程中，为何逐步让位给了社会理论？本来从哲学开始切入，但最后的主流研究却不是哲学研究，而是一种社会研究。

所谓“危机”，可以用一个简洁的方式来描述。著名政治哲学家列奥·施特劳斯（Leo Strauss）认为，“现代性的危机表现或者说存在于这样一宗事实中：现代西方人再也不知道他们想要什么……寥寥几代人之前，人们还是普遍确信人能够知道什么是对的、什么是错的；能够知道什么是正义的或者是好的或者最好的社会秩序”。从哲学上讲，这里引出了与怀疑主义、相对主义和虚无主义相关的问题。在现代社会中，许多人竟然不再关心，也不知道什么是对的，什么是错的，什么是好的，什么是坏的，什么是正义的，什么是非正义的，什么秩序是最好的，什么秩序不是最好的。在这样的背景下，从哲学角度对科学进行反思，或者从科学哲学的角度去研究科学以及与科学相关的现代性问题，一定能够为解决上述问题提供有益的启发。我提供两个思考的维度，一个是科学对哲学的经验性改造或取代，一个是哲学对科学的批判性反思或重塑。最后，现代性的前景是怎么样的？我们是应该继续走现代性这条路，还是超越现代性而走向“后现代主义”？（前者叫作“未完成的现代性”之路，这是哈贝马斯给出的建议。）

最后，我想强调两个观点：第一，科学是一种自由探究的职业，它与生俱来带有独立、自由的探索精神和批判精神。第二，在历史上，来自西方的科学曾三度传入中国：17 世纪，耶稣会传教士首先带来了有别于中国固有文明的科学文明；19 世纪晚期，以英、美两国为主的传教士，带来了更多现代科学的知识和方法；辛亥革命以后，中国的有识之士提倡主动拥抱“赛先生”（即科学，

science）。今天的中国似乎正处于第四个阶段，它正致力于批判地吸收现代科学，并努力开拓科技前沿。如果真是这样，那么对于同学们来说，一个新的机遇就来临了。

科学哲学是一项充满魅力的爱智求真的事业！回望历史，科学哲学已经创造了一个伟大的过去！我们有理由相信，科学哲学必将会再造一个辉煌的未来！年轻的学子们，欢迎你们加入这一充满魅力的事业，让我们共创辉煌！

◆师生问答◆

学生提问：

如果将许多种“变”具有的相同特征称作“恒”，或者叫作规律，那么在漫长的时间中，“恒”本身是否可以发生变化？如果可以，那是否有一种凌驾于其上的东西主导这种变化，这种东西又该如何称呼呢？

老师回答：

这是个很有哲学思维的问题，非常好！

你的问题涉及所谓的规律。一讲到规律，大多数人会认为它是不以人的意志为转移的，所以它一定是不变的。在这里，我想借用两个概念来说明科学哲学家是怎么说明这个问题的。这两个概念就是“自然定律”（law of nature）和“科学定律”（scientific law）。同学们可以体会一下这两个概念有什么区别。

第一，自然定律，就是关于自然的规律。如果我们把自然定律表达成一个数学方程，那么我们其实是先去猜测那个规律，然后再去尝试表达它。因此，当我们说“恒”，说不变时，我们就认定说一定有那个规律。但是，我们关于那个规律的表达可能是对的，也可能是错的，也许我们需要对这种表达进行修正。

第二，所有的规律都是在一个相应的环境背景下发挥作用的，很可能环境发生了变化，原来的规律或其发挥作用的方式也会发生变化。

简而言之，一方面，我们对规律的表达（科学定律）会随着我们知识的深化而得到修改，我们甚至会认为原来的认识是错的。另一方面，被表达的规律本身（自然定律）及其作用方式，也会随着周围状况的不同而发生变化。变化到极端情形时，规律甚至可能失效。

学生提问：

能否解释一下范式概念？科学革命是否一定要建立在一个范式代替另一个范式的基础上？如果范式之间存在不可通约性，那么我们能够说代替亚里士多德范式的牛顿范式是更好的吗？如果在一个合理的范式存在的同时，又出现了另一个合理的范式，且两个范式都具有一定的影响，那这种情况可否称为科学革命呢？

老师回答：

我先对“范式”（paradigm）这个概念做个统一的说明。刚才我提到了托马斯·库恩。按库恩最早的说法，范式的基本含义就是指一个典型的范例。从历史角度看，有些科学家在研究物体运动的过程中，想到了用双曲线、抛物线等来演示一些物体的运动轨迹，而伽利略最早想到了没有摩擦的斜面。这些就成了后人效仿的例子，就像同学们要通过模仿例题来学习科学知识一样。后来，库恩在写《科学革命的结构》一书（1962 年出版的《科学革命的结构》是库恩的主要代表作）时强调，范式这个概念是这本书中最核心的概念。但是，关于这个核心概念，却引出了一个问题。大家知道，西方学术界有一个学术规范：一本学术性著作的后面必须列出索引（index）词条，以方便研究者或者学习者去查找关键概念。从道理上讲，库恩应该把他那本书里的关键概念——“范式”列入索引，但书的索引里竟然没有“范式”一词！后来有人问他：“‘范式’是不是这本书里最重要的概念？”库恩回答说：“是的。”提问者接着问：“那为什么索引里面没有这个词呢？”聪明的库恩反问：“一本学术著作，为什么要列索引？”提问者回答：“为了便于学习者和研究者在书中查找关键词。”库恩接着说道：“‘范式’概念重要到在你书的每一页里基本都能找到，所以如果我要写‘范式’这个索引词，就会说全书中每一页都有这个概念，这样不就意味着无须列出这个索引词了吗？”

回到刚才那个同学的提问。学术界曾经召开过一个学术会议，其中有专门讨论“范式”概念的专题。会上有一个计算机科学家对库恩的《科学革命的结构》一书进行过一次统计，统计结果是“范式”一词在书中共有 21 种不同用法。然后，她又把“范式”一词的用法划归为三类：一类是哲学的用法；一类是构造性的用法，大体属于科学式的用法；还有一类是社会学的用法。这位学者的工作启发了库恩，激发他做了一个工作，就是澄清“范式”这个概念。

同学们如果想要进一步了解这个问题，相关文本有很多。其中最直截了当的方式，就是阅读《科学革命的结构》一书（1970 年第二版）的附录。这个附录是库恩在 1969 年为第二版写的后记，因此取名为“后记——1969”（postscript—1969）。他在这里就对范式概念做了进一步的澄清，最终将范式的构成分为四个部分，分别是含有本体论预设和方法论承诺的“模型”、表达科学定律的“符号概括”、展示科学定律和科学理论标准应用的“范例”，以及评价科学理论的一组“‘认知’价值”。

根据库恩的观点，科学革命是由一个范式取代另一个范式的根本性的变化过程。那么，一个范式与另一个范式之间为什么是不可通约的呢？库恩认为，不同范式之间没有共享的“模型”，对“符号概括”的理解难有共识，给出的“范例”差别很大，对“‘认知’价值”的理解和运用也不尽相同。因此，在不同范式之间难以找到公度的标准，或者说在不同范式间存在着“不可通约性”（incommensurability）。这种“不可通约性”观点引出的最极端的结论就是当发生范式转换时，我们不能说哪个范式是对的，哪个范式是错的，甚至不能说由一个范式取代另一个范式标志着科学的进步。按此，我们也就不能说，因为牛顿范式取代了亚里士多德范式，所以牛顿范式比亚里士多德范式更好、更合理、更先进。

库恩曾经举例说，亚里士多德和牛顿都讨论了物体的运动。比如说，在桌子上有一个杯子，那么这个杯子要运动，是否需要外力的推动呢？更直接地说，物体运动需不需要外力的推动呢？根据牛顿的惯性定律，一个物体如果不受外力或者所受外力合力为零时，它就会保持原有的状态：如果该物体原来是静止的，它就会保持静止状态；如果该物体处于匀速直线运动状态，它就会保持匀速直线运动状态。因此，从这个意义上说，物体运动是不需要外力推动的，外力只是改变物体的运动状态，与加速度有关。但对亚里士多德而言，运动是物体的非自然状态，静止才是物体的自然状态，因此物体都是在受外力强迫的作用下才会处于运动状态。由此可见，牛顿和亚里士多德所说的“运动”是两个完全不一样的概念，因而我们无法找到一个共同的标准对二者进行优劣的比较。库恩还举过一个例子：在牛顿力学里，质量是个静止的概念；但对爱因斯坦的相对论力学而言，质量是可以转化成能量的。因此，虽然两人都用“质量”一词，但含义并不相同。

当然，接下来就会引出这样的论证，即认为不同范式没有好坏之别，对科学革命不能给出合理性的评价，这就容易进入相对主义。正是因为可能存在相对主义的危险，库恩在后期一直强调自己已经修正了以前的观点，进而主张即使范式与范式之间是不可通约的，但我们仍然可以找到合理的指标，对它们进行理性的比较。不过，这又是另外一个话题了。

学生提问：

德里达曾经对语言提出“延异”概念，指出概念是一直差异与延变的。那么，科学哲学是如何保证逻辑语言或术语的所指是稳定的呢？

老师回答：

“延异”是一个极端的概念。如果按现代性和后现代性的划分，学术界通常把它看成是一个后现代性的概念。它的基本意思是强调无事不在不断变化之中。如果我们想要用概念、语言去表达一个东西，那么当你表达出来的时候，你所表达的东西就已经变样了，这可能就是德里达所说的“异”。你所说出的，已不是你看到的当下，而是向后延变了，这大概就是所谓的“延”吧。因此，所谓“延异”，可能讲的是概念的表达与它所表达的对象之间会存在差异、存在变动。

在这个意义上，回过头来看科学哲学。科学和哲学当然都会面对事物变化的事实，但科学哲学更关注的是科学在处理事物变化过程中那恒定不变的一面。也就是说，科学哲学力求分析科学研究对象所遵循的规律性的一面。

学生提问：

有关科学革命为何发生在欧洲的问题，即“李约瑟问题”。这个问题的可能性解答是否可以延伸到政治制度革命的问题？

老师回答：

20世纪80年代，“李约瑟问题”是一个热门话题。从那以后，人们就不断尝试从多种角度回答这个问题，政治的、经济的、制度的、文化的、宗教的、传统的、语言的，等等。

“李约瑟问题”与政治制度的关联有两个层面。一个层面是回答“李约瑟问题”本身，即为什么现代科学没有在中国产生？其中一种解释是我们传统的政治制度是一种超稳定的皇权制，是一种封闭的制度。但是，科学本质上要求具有自由探索、理性批判和百家争鸣的环境。因此，具有超稳定结构的中国传统政治制度很难催生现代科学。

关于第二个层面，如果说一个问题具有启发性，那它的启发性不仅仅体现在对这个问题的回答上，而且还引导政治制度本身。换种问法：为什么中国当时没有和西方一样，从古代社会走向现代社会，政治制度没有完成从古代到现代的转型？关于这个问题，也有很多回答，比如刚才我提到的韦伯命题。如果韦伯的观点是正确的，那么我们中国就没有起促进作用的、导致群体心理发生变化的、宗教性的情感因素，比如与新教伦理类似的因素。

学生提问：

张老师说到数学不仅是计算工具，还是看待世界的方式。在近代，数学除了作为计算工具，还有其他意义吗？似乎我们现在聊到科学，更多的是想到生物学等学科，而不是数学。

老师回答：

传统意义上的生物学跟物理学的最大区别，在于我们通常会认为生物学是以描述为主的定性的学科。但请注意，达尔文进化论变成现代的综合进化论，其中一个标志就是分子生物学的诞生。而分子生物学一个关键性的进步就是用数学方式去处理有关问题。所以，即使到现在，我们还是应该强调数学是我们筹划世界、观察世界、表达世界的方式。当然，我们不否认数学可以作为计算工具，而是说数学不仅仅是可以作为计算工具。而且，多数学者都会认为，数学在定性学科向定量化学科转换的过程中起着关键作用。此外，学术界还认可，社会科学中唯有经济学可以列入诺贝尔奖项。这种做法的根据有很多，其中关键性的一条就是用数学的方式来处理经济现象。可以说，现代经济学用数学重新筹划了整个经济学的理论结构，所以从这个意义上讲，数学不仅是计算工具，而且更是一种看待世界的思维方式，是一种我们筹划、表达、认识世界的概念框架，是一种我们与世界沟通的重要方式。

学生提问：

如果科学一定需要可检验性的论证，那么在很多时候没有确切答案的社会科学属不属于科学？或者说，属不属于科学哲学的检验范围?如果属于,社会科学和自然科学之间有什么关系?如果不属于,社会科学和自然科学之间的关系是什么?

老师回答:

再简单介绍一下科学哲学。在学科分类中,有一般的科学哲学和分科的科学哲学,或者说,普遍的科学哲学与特殊的科学哲学,用英文来表达就是“General Philosophy of Science”和“Special Philosophy of Science”。在分科的科学哲学中,有一门叫作“Philosophy of Social Science”,即社会科学哲学。当我们说科学在经验上具有可检验性时,其含义是:在逻辑上科学有被经验证据检验的可能性,但在现实中不一定就已经得到了检验。而且,这个说法适用于所有的科学,它属于一般科学哲学的研究成果。依此,无论是自然科学,还是社会科学,全都符合这个标准。在这个背景之下,就形成一个主流看法,根据这种看法,社会科学与自然科学相比,其独立自主性要弱一点。根据我刚才的说法,所谓的独立自主性,就是要从哲学中分离出来,成为一个独立的研究领域。在历史上,这个独立的研究领域是以自然科学为主建构的,而社会科学的整个结构则是在自然科学成熟和巩固以后的19世纪才开始建构的。鉴于此,几乎没有人反对“可检验性”这一对科学的要求。据此,即使是社会科学,也必须满足这个要求。

当某一社会科学学科似乎没有满足可检验性标准时,存在两种对待这种情况的态度。一种态度倾向于认为,一门社会科学目前没有满足可检验性要求,是因为我们的研究还不够,学科还不成熟。如果继续研究,就能让这门学科满足可检验性的标准,并由此推进社会科学的“科学化”。另外一种态度倾向于认为,社会科学除了科学的部分,也包括一定的哲学部分,因此能够容纳不能检验的内容。其关键的证据有很多，其中一个是社会系统比自然系统复杂得多，它包含人和人之间的关系，还有人的主动性、意向性等。因此，社会科学一定会有部分内容涉及不可检验的哲学理论。比如说，社会科学里有一个特别的分支，叫作“社会理论”（Social Theory），其中就有很多至少目前尚不可检验的、富含哲学意识构造的内容。

至于自然科学与社会科学的关系，前面的说明已经暗含着这样一个提示：有一些学者主张自然科学与社会科学没有实质性的区别，而只存在着在精确性、严密性程度上的差别。按此，这些学者倾向于认为，科学哲学所陈述的科学定律的模式、科学理论的结构、科学检验的程序、科学解释的逻辑等，对自然科学与社会科学就是普遍适用的。但也有一些学者坚持自然科学与社会科学之间存在实质性区别的观点，因而强调社会科学的独特性。这些学者认为，在社会科学中是否存在自然科学中的那类定律、理论、检验、解释等，是一个很有争议的问题，有人甚至认为在社会科学中根本不存在所谓的规律之类的东西。

（本文初稿由何婕同学根据讲座录音整理完成，特此致谢！）

围棋、策梅洛定理、数学和宇宙

复旦大学哲学学院副教授
杨睿之

2016年3月9日至15日，在韩国围棋职业九段棋手李世石与英国人工智能公司深思（DeepMind）开发的阿尔法围棋（AlphaGo）之间的五番棋比赛中，阿尔法围棋（AlphaGo）以4比1的比分战胜了人类代表韩国棋手李世石。这场对决的结果被认为标志着高水平机器的围棋棋力已经全面超越人类顶尖职业棋手。

围棋一直被认为是变化最为丰富的棋类游戏之一。在悠久的历史中，人类棋手积累了大量的棋谱、策略，获得了丰富的知识和经验，甚至形成了围棋文化。因此，围棋也被认为是计算机程序极难超越人类的棋类游戏。围棋的棋盘是由横竖各19条线，共361个落子位置组成的方阵。每个位置有空出、黑棋占据和白棋占据3种状态，不考虑具体的规则，整个棋盘可以呈现$3^{361}\approx10^{172}$种不同的局面。即使考虑围棋规则，合法的局面大约有2.09×10^{170}种。[①]相对而言，人

① 这个数字通过计算机估算得到，参见https：//tromp.github.io/go/gostate.pdf。估算合法的局面数量与实际考量每个局面的胜负在工作量上有本质的区别。

类的围棋经验实在微不足道，利用计算机能够帮助人类增加对围棋的理解并不意外。然而，德国数学家恩斯特·策梅洛（Ernst Zermelo）在1912年发表的文章《关于集合论在象棋博弈理论中的应用》中证明的定理就已经蕴含了围棋实际上是被决定了的游戏这一论断：在确定的围棋规则下，或者黑方有必胜策略，或者白方有必胜策略，或者双方都有不败策略（如果规则允许和棋的话）。后人将之称为“策梅洛定理”。“策梅洛定理”是如何被证明的，意味着什么？既然围棋是被决定了的游戏，那我们（包括人和机器）还在玩什么呢？

有过在电脑上下棋或观棋经历的围棋爱好者可能知道，一盘棋的棋谱通常会被存储为一个 SGF（Smart Game Format）文件。SGF 文件的主体部分通常是形如“B［be］；W［ba］；B［ab］；W［ca］；B［ea］；W［ae］；B［da］；W［ac］；B［aa］……”的字符串。其中，“B”“W”分别表示黑、白，“a”—“s”表示第 1—19 行（列）。所以，“B［be］”表示黑方（B）在第 2 列（b）第 5 行（e）的位置落子。在计算机中，如果不考虑人类的阅读习惯，我们可以进一步简化棋谱的格式。例如，我们可以用数字 0—360 表示 361 个棋盘中的位置。此外，围棋（基本上包括所有的棋类游戏）总是双方轮流行棋，可以默认第 0、2、4……步由黑方行棋，而奇数步由白方行棋。这样，我们就可以只用一串 0—360 的数字来表示一个棋谱了。例如：“77；1；19；3；4；76；3；38；1……”

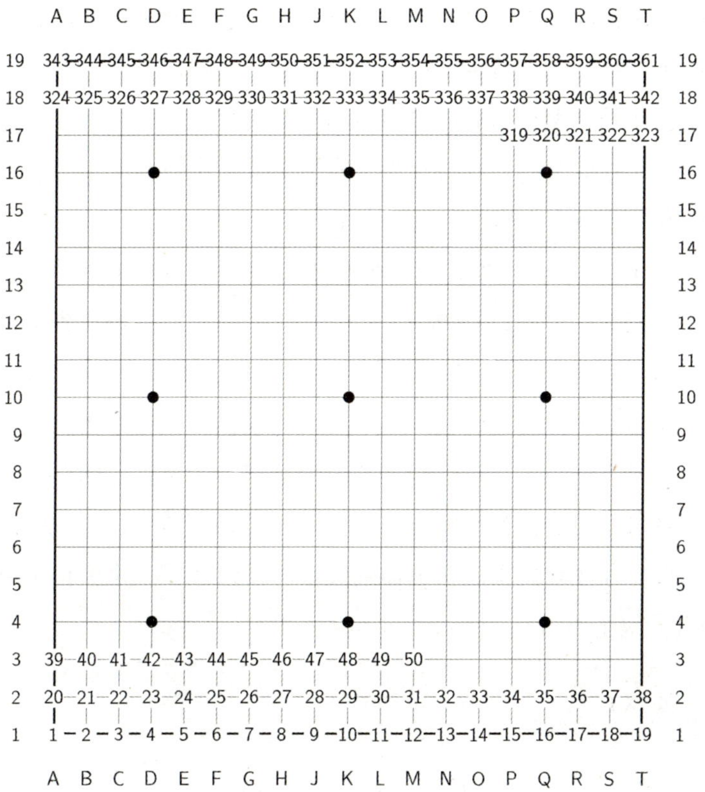

图 1　用自然数表示棋盘中的位置

绝大多数棋类游戏的规则会保证游戏必须在有穷回合内结束。例如，象棋和围棋（如中国规则）都有禁止全局同形的规则。考虑到棋类游戏一般只有有穷多个不同的局面，根据鸽笼原理，每盘棋必须在有穷步内结束。例如，围棋的合法局面约有 2.09×10^{170} 种，如果执行严格的禁止全局同形规则①，如果一盘

① 即一旦出现全局同形，即判行棋方负。一些棋类游戏要求全局同形不超过既定次数，如3次。

棋的步数超过合法局面的数量，就必然已经出现全局同形或者某方犯规，因而这盘棋应该在第一次出现全局同形或某方犯规的时候就结束了。我们称根据这种规则只有有穷个不同局面并且每盘棋都在有穷步内结束的游戏为“有穷游戏”。它的一个游戏过程可以用有穷长的自然数序列来表示。

令有穷长的自然数序列 s 和 t 分别表示两个围棋的游戏过程。如果 t 是通过在 s 后面连接上若干个 0—360 的自然数得到的，就称 t 是 s 的延伸或 s 是 t 的前段，记作 $s \leqslant t$。直观上，t 是 s 的延伸也即 t 记录的是游戏过程 s 和 s 之后可能出现的一段游戏过程。在一盘棋结束之前，轮到行棋的棋手总有若干选择，因此尚未结束的游戏过程可以有不同方向彼此不兼容的延伸。这些记录游戏过程的有穷自然数序列在延伸的关系下就形成了一个会向上分叉的树形结构。

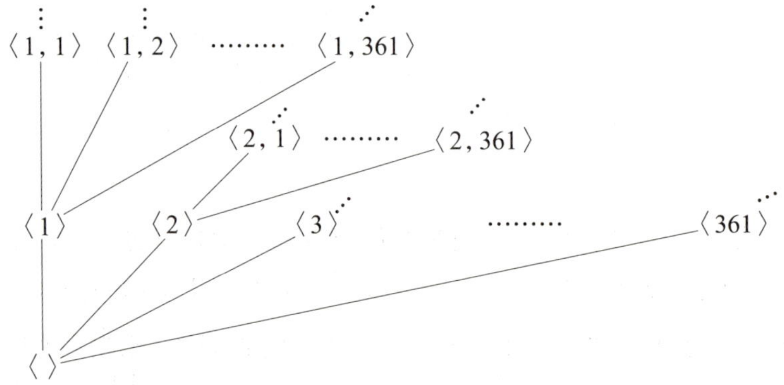

图 2　361 分叉树

例如，围棋所有可能的游戏过程组成的就是一棵在每个节点至多有 361 个分叉的树。并且，如果执行严格的禁止全局同形规则，这棵树最长的树枝大约包含 2.09×10^{170} 个节点。根据游戏的规则，这棵树的某些节点（即游戏过程）会被规定为黑方胜、白方胜或和棋。此时，游戏结束这些节点也就不会继续延伸了。我们可以把这些节点形象地称作“树叶”。由于所有的游戏过程都会在有穷步内结束，所有的树枝都会终结于某片树叶。由此，一个完整的有穷游戏的规则完全决定了一棵树（T，≤），其中 T 是树的所有节点组成的集合，≤是节点之间的延伸关系。此外，游戏规则还要告诉我们这棵树的每片树叶，即所有结局的胜负判定。为此，我们分别用 B、W、D 表示黑方胜、白方胜以及和棋的树叶组成的集合。它们都是 T 的子集，它们的并 B ∪ W ∪ D 正好是（T，≤）的所有树叶组成的集合。反过来，我们也可以从一棵树（T，≤）以及它的结局判定（即集合 B，W，D）中读出对应的游戏规则。例如，如果黑方的某步落子违反了规则，那么直到这步的游戏过程所对应的树叶就属于 W，即判定白方获胜。

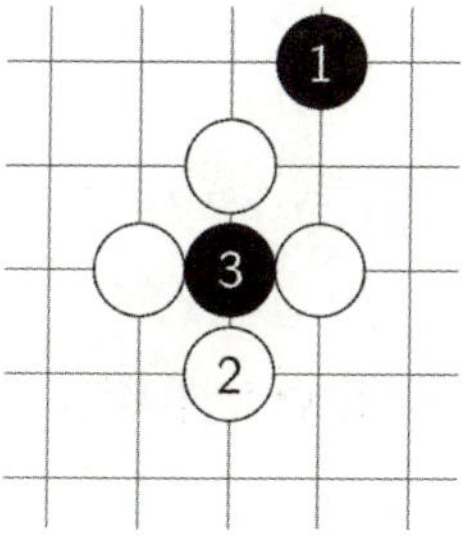

图 3　黑方犯规，白方获胜

接下来，让我们定义什么是一个“游戏策略”（strategy）。一个详细的游戏策略应该告诉棋手在任何情况下应该如何行棋。由于一些游戏规则会依据游戏的过程而不仅仅是当前局面来判断得分或胜负①，所以所谓的“任何情况”就是任何可能的游戏过程，也就是前述树上的各个节点。由此，我们定义围棋中黑方的

① 例如，前文提到的禁止全局同形，同样的局面在第二次出现时才会导致一方被判负。有些规则禁止出现三次也是类似。

游戏策略是一个函数 S[1]：对每个含有偶数步的节点 s（此时轮到黑方行棋），对应 S（s）为一个落子的位置，也即 S（s）是 0–360 间的一个数字。注意，游戏过程 s 连接上 S（s）就是一个新的含有奇数步的节点。白方的策略可以进行类似地定义。一个黑方的策略和一个白方的策略就可以决定一盘棋。此外，一个黑方或白方的策略加上既定的白方或黑方的“半部”行棋过程也可以决定一盘棋。例如：我们用〈 〉表示空序列，用 S 表示黑棋的策略，用〈w_0，w_1，…，w_n，…〉表示白棋的足够长的行棋过程（第一步落在 w_0，第二步落在 w_1，以此类推），那么整盘棋的行棋过程就是：

$$S(\langle\ \rangle),\ w_0,\ S(\langle S(\langle\ \rangle),\ w_0\rangle),\ w_1,\ \cdots$$

其中〈 〉表示空节点，是整盘棋的起点，也就是整棵 361 分叉树的唯一的根。

我们称黑方的策略 S 是一个必胜策略，当且仅当依照 S 来应对任何可能的白方的行棋过程都能获胜，也即由 S 和任何白方的行棋过程所决定的那盘棋都终结于属于 B 的一片树叶。类似地，我们可以定义黑方的策略 S 是一个不败策略：为应对任何可能的白方的行棋过程都能保证白方不胜，即终结于 B 或 D 中。白方的必胜策略或不败策略的定义类似。

① 函数的例子。例如，确定的计算机程序，每给定一个输入，程序总会返回一个确定的输出。还如自然数上的加法或乘法运算，每给定一对自然数，总对应于一个确定的运算结果，即它们的“和”或“积”。

现在，我们可以叙述“策梅洛定理”了。

策梅洛定理（1913年）

如果规则不允许和棋，那么围棋的一方有必胜策略；

如果规则允许和棋，那么或者围棋的一方有必胜策略，或者围棋的双方都有不败策略。

下面我们来证明策梅洛定理。

先考虑不允许和棋的规则。我们假设白方没有必胜策略，并尝试刻画黑方的一个必胜策略。由于白方没有必胜策略，那么黑方在走第一步时至少有一个落子的选择使得白方在接下来的棋局中仍然没有必胜策略。[①] 否则，无论黑方第一步落在哪里，白方都有接下来的必胜策略，那么白方在一开始就有必胜策略了，即无论黑方第一步落子于何处，白方只要执行针对相应子游戏的必胜策略就行了。而这与我们的假设矛盾。所以黑方的策略是在第一步选择 0—360 中最小的位置，使得白方在接下来的棋局中仍然没有必胜策略。白方在接下来白方先行的子游戏中没有必胜策略，即无论白方在何处落子，接下来黑方总有位置落子使得白方

① 假设黑方首先落子在位置b，接下来的棋局就会经过〈b〉向上发展。事实上，我们可以把树中〈b〉及〈b〉以上的部分看作以〈b〉为根的一棵树，我们称它是原来这棵树的子树。显然，我们可以把这棵子树以及继承下来的结局判定看成一个新的子游戏——它和围棋类似，只是先在棋盘的b处摆上黑子，并由白方先行。针对这个游戏的策略、必胜策略也有类似的定义。我们说“白方在接下来的棋局中仍然没有必胜策略”的意思是“在上述子游戏中，白方没有必胜策略”。

在此后的棋局中仍然没有必胜策略。这似乎回到了一开始的情况。我们称这种现象为“递归”（recursion）。因此，总的来说，黑方的策略就是在每一步都选择最小的位置，使得白方在接下来的棋局中仍然没有必胜策略。而递归现象的存在保证黑方在棋局结束前每一步都能找到这样的位置落子。

我们可以验证上面描述的策略确实是黑方的必胜策略。任给白方的一个行棋过程，上述策略和白方的行棋过程决定了一个有穷的游戏过程。它是树叶，我们要证明它属于集合 B。根据前述递归现象，这个游戏过程的任何前段都满足：白方在接下来的棋局中没有必胜策略。尤其是如果这个行棋过程的最后一步由黑方完成，那么在此之前黑方必然有一个选择使得最后的结局属于 B。否则，由于该规则下没有和棋，黑方无论如何选择，最后的结局都会属于 W。这意味着与白方已有必胜策略相矛盾。显然，如有结局属于 B 的选择，黑方根据策略会在使结局属于 B 的位置落子。如果上述行棋过程的最后一步由白方完成，那么白方无论在何处落子都会导致结局落入 B。否则，选择在让结局落入 W 的地方落子就是白方的必胜策略，这同样矛盾。至此，我们证明：如果规则不允许和棋，那么黑方或白方有必胜策略。

如果我们采用允许和棋的规则，我们可以证明：如果白方没有必胜策略，那么黑方有不败策略；而如果黑方没有必胜策略，那么白方有不败策略。由此，如果黑方、白方都没有必胜策略，那么黑方、白方都有不败策略。证明过程与前述类似。首先假设白方没有必胜策略，然后令黑方的策略为在每步都试图让白方在接下来仍然没有必胜策略。由于规则允许和棋，在最后的验证中我们只能确保黑方按此策略不败。类似地，假设黑方没有必胜策略，可以对应地构造白方的不败策略。证毕。

读者不难发现，策梅洛定理的证明不依赖围棋特殊的游戏规则。事实上，策梅洛定理的原始版本是针对国际象棋的。不仅如此，策梅洛定理可以推广到任何一种完美信息二人回合制有穷游戏中。完美信息是指游戏的双方在每一回合中都能掌握当前局面的所有信息。例如井字棋、五子棋、黑白棋等。而中国军棋（暗棋）、德州扑克或者带有战争迷雾特点的战略游戏就不具备完美信息的性质。有趣的是，根据策梅洛定理，我们并不需要知道那些完美信息二人回合制有穷游戏具体的游戏规则，我们只需要知道其中一方具有必胜策略就可以了。这样的结果到底意味着什么？

策梅洛定理是一个数学结果，它可以只用关于自然数的算术语言来描述，并在常用的算术公理中被证明。它还是一个关于存在性的断言，它断言必胜（或不败）策略的存在。但是对于围棋这样复杂度较高的游戏，我们几乎不可能在物理宇宙中真正找到一个必胜策略。人们借助计算机辅助验证目前只能得到比 6 × 6 的棋盘更小的“围棋”游戏的必胜策略。① 正如前面所讲，围棋合法局面大约有 2.09 × 10170 种，在严格的禁止同形规则下，围棋可能的游戏过程所构成的树的高度也不会超过这个数。当然，这种极端长局实际上不可能出现。根据统计，围棋职业比赛的平均长度为 211 步，最长局可达 411 步。我们假设围棋总是在 500 步内决定胜负，试图以暴力算法遍历所有围棋游戏过程需要

① Van der Werf，Erik C.D. and Winands，Mark H.M.，“Solving Go for Rectangular Boards”，*Icga Journal*，2009，32（2）：77–88.

$360500 \approx 101278$ 量级的计算量。相比而言，根据贝肯斯坦上界（Bekenstein bound）估计，整个物理宇宙所蕴含的信息量大概有 10^{120} 比特。这几乎是不可能完成的任务。① 策梅洛定理和围棋的复杂程度让我们不得不面对这样一个问题：数学中证明的存在与物理宇宙中的存在之间可能存在着鸿沟。我们该如何理解一个被数学证明存在而在宇宙中却无法找到的东西呢?

思考题:

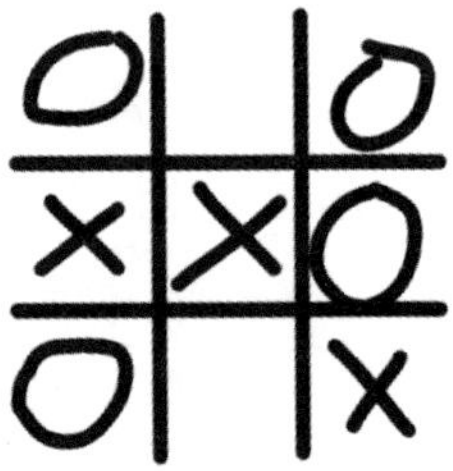

图 4　井字棋

1. 3 × 3 的井字棋游戏中打“○”的玩家和打“◇”的玩家轮流在 3 × 3 的井字形棋盘上标记自己的符号，最先以三个相同的符号连成横、纵、斜一线者获胜，直至填满棋盘双方都无法获胜则判和棋。请问，井字棋有多少种局面、多少种游戏过程（如果不考虑中局获胜，即一方获胜，仍然下到棋盘满为止）？井字棋中谁有必胜策略或不败策略？你能尝试描述这些策略吗?

2. 树常常被当作生命与智慧的象征。在严肃科学中，树形结构常常被用作随时间演进的历史的模型。例如达尔文用生命之树

① 当然，这些数据的对比尚无法证明我们在现实世界中无法找到并验证围棋的必胜策略。正如我们可以用相对很少的文字给出围棋的规则并由此定义出一种变化数量相对其规则描述多得多的游戏。我们也无法排除存在着一种描述相对简单的可验证的必胜策略。例如，如果在围棋计算胜负的规则中采取极端的贴目方法，使得白棋无论怎么走都能获胜，那么白棋的必胜策略就可以是：每次走0—360中最小的可以合法落子的位置。

来比喻生命的演化。你能谈谈树形结构的哪些性质使得它与时间、历史与可能世界的结构之间有着密切的联系？

3. 阿克曼函数（Ackermann function）是定义在自然数上的二元函数，类似加法或乘法。我们可以递归定义如下：

A（0，n）=n+1

A（m+1，0）=A（m，1）

A（m+1，n+1）=A（m，A（m+1，n））

不难计算出：

A（0，0）=1，A（1，0）=A（0，1）=2，A（2，0）=A（1，1）=A（0，A（1，0））=A（0，2）=3，A（1，2）=A（0，A（1，1））=A（0，3）=4，A（2，1）=A（1，A（2，0））=A（1，3）=A（0，A（1，2））=A（0，4）=5，而A（2，2）=A（1，A（2，1））=A（1，5）=A（0，A（1，4））=A（0，A（0，A（0，5）））=7。

你能计算A（3，3）、A（4，2）呢？你认为A（4，4）或者A（654，321）存在吗？诸如“A（654，321）是素数”之类的陈述是有意义的吗？为什么？

4. 我们总是通过以数学的方式编码来理解我们的世界。你能更仔细地谈谈围棋是否有必胜策略以及可能有怎样的必胜策略？它是一个数学问题吗？你能举出其他将现实世界中的问题转变为纯粹数学问题的例子吗？它们是怎么做到的？

5. 围棋有必胜策略是一个数学定理，但我们很可能穷尽整个宇宙的资源也找不到这个必胜策略。有趣的是策梅洛曾经作为马克斯·普朗克（Max Planck）的科研助理工作过一段时间。前者主要研究无穷的问题，而后者作为量子力学的创始人之一为人们对物理宇宙有穷性的认知提供了重要的理论资源。你觉得逻辑的或数学的“真”与关于物理世界的“真”之间有何区别？

哪些动物有意识？

复旦大学哲学学院副教授

王球

我们每个人都确定自己是一个拥有心灵的主体。我们能够感受到喜怒哀乐，受伤时有疼痛的感觉，打开榴梿时能闻到浓郁的香味。我们都是有感知的，不是一群没有意识的行尸走肉。但在哲学上有一个重要的问题：你是如何知道自己身边那些跟你长得一模一样的“人”，也拥有心灵和意识的？这个问题在奥古斯汀之后的哲学史上，被称为“他心问题”。

也许你会觉得这个问题有点奇怪，因为我们自然而然地会觉得其他人当然也是有心灵、有意识的。但问题是，凭什么这么认为呢？难道我们能直接“看见”别人的心灵和意识吗？如果看不到，认为他人有意识的理由是什么呢？不过，今天在这里并不专门讨论经典的“他心问题”，而是要讨论跨物种的“他心问题”，即其他的动物物种到底有没有意识？其实这个问题很早就在中国古代哲学中提出了。在《庄子》一书中有著名的庄子和惠子的“濠梁之辩”。庄子说：“鲦鱼出游从容，是鱼之乐。”庄子看到鱼儿游得悠闲从容，就断定它们有快乐的意识体验。惠子就反问：“子非鱼，安知鱼之乐也？”意思是你不是鱼，你怎么知道鱼儿是不是感到快乐？关于“濠梁之辩”，后来的学者讨论得很多。但大家总体上还是更关心庄子和惠子的论辩逻辑，以及在价值论、存在论方面的问题。基本上没有人真正严肃对待过这个问题本身，没有人去追问鱼儿有没有意识。其实，这个话题在今天是很有必要讨论的。为什么呢？因为在过去没有认知科学，没有意识科学，探讨鱼儿有没有意识，纯粹是个思辨的活儿。但现在有了神经科学、比较心理学、动物行为学等学科方面的经验证据，是时候要回应这个“濠梁之辩”了。

当然了，我们不仅要问鱼儿有没有意识，还要问你是怎么知道鱼儿有意识的。你知道鱼儿有意识的方式，可不可以用来推广判断，那些鸟类或两栖爬行动物，它们有没有意识？所以我们关心的是，意识究竟在哪些动物物种当中有分布，或者说哪些动物有意识。这个问题叫作“动物意识的分布问题”。因为大家可能都觉得猴子、兔子这些哺乳类动物有意识，但是对于那些无脊椎类动物呢？尤其是，你觉得蜜蜂会有焦虑的情绪吗？蚯蚓会不会感到痛苦？我们吃的生蚝、花蛤，它们有意识吗？承认动物有意识，不等于承认所有动物都有意识。探究意识究竟分布在哪些动物之中，这个话题本身就很有趣。

一些同学会认为，很多哲学问题，似乎并不太有直观上的重要性。哲学家似乎在玩一种概念游戏、思维游戏，哲学问题的答案好像对我们日常生活没有太大的指导意义。不好说这个想法是错误的，但是在这个问题上，我们追问动物有没有意识，这个话题还是有些现实意义的。

比如说在 2012 年，剑桥大学有一批大牌科学家集聚一堂，包括物理学家霍金这样的人也在场，他们签署了一份《剑桥意识宣言》。这份宣言就说，大多数动物，包括哺乳动物和鸟类，它们都拥有和人类相似的、能实现意识的神经基础物质，还有一些头足类动物，比如章鱼、乌贼这些动物，虽然它们的大脑和哺乳动物差异很大，但也可能具备实现意识的神经基础物质。

《剑桥意识宣言》并没有直接宣称哪些动物是拥有意识的，但是至少表明，很多动物极有可能都有意识。有意识的一个重要表现，就是能感受痛苦。这样就为动物福利这种有现实意义的伦理考虑，提供了一种基础性的依据，可以作为伦理和法律的辩护方式。为什么要善待某些特定的动物，哪怕不是珍稀动物？至少有一种答案可以回答说，因为它们可能和人类一样有着承受痛苦的意识。

现在的问题就在于，那份宣言本身并没有说清楚他们列出来的那几类动物为什么是有意识的，只是说有很多物种拥有类似于人类意识的神经基础物质，这其实是不够的。举个例子，最近有这样一则新闻：26岁的许某是香港理工大学的博士生。有天傍晚，有市民途经香港某处草地，发现许某正在向地上撒盐，当时只见数只蜗牛在雨后爬出泥土，它们被盐撒中身体，很快便因脱水而死，只剩下空壳。路人认为该男子“屠杀”蜗牛的行为，有虐待之嫌。经交涉无果后，就报了警，最后许某被警方拘留调查了。这件事曝光后很多人开始“吃瓜”了。有不少人质疑，警方逮捕许某的依据是什么？说他虐待动物，蜗牛当然是动物，但如果蜗牛其实压根儿就没有任何对于痛苦的感知，凭什么说他是在虐待动物呢？可见这个话题的确有一些现实意义。

有人大概会问，那到底什么是意识呢？你问动物有没有意识，首先得给意识下一个定义吧？确实，意识是一个棘手的、含混的概念，它有很多的含义。比如泰森一拳就把对手打倒，使对手失去了意识。我们通常把这个意义上的意识叫作“生物意识”。又比如，我们会说，科幻美剧《西部世界》里的机器人觉醒了，它们有意识、有自我了。在这个意义上的意识，是“自我意识”。神经科学家可能会说，那些机器人在没有自我意识之前，只要能把感官知觉信息，经过“大脑”加工后，能被言语和行为模块进一步所用，就有了“通达意识”（access consciousness）。所谓“通达意识”是一种与信息加工或潜意识相关联的意识模式，即使有通达意识，也未必能感受到什么，未必能做出口头报告。但我们在这里说的意识，指的是所谓的“现象意识”（phenomenal consciousness）。“现象意识”就是有体验的、有感受的意识。你看到夜空中烟花的绚丽，闻到秋日里桂花浓郁的芳香，吃着四川火锅时感受到的麻麻辣辣的刺激，在牙神经发炎时被折磨得彻夜难眠。这些都属于“现象意识”，有一种“感觉起来像什么样的”主观体验。

事实上，我们大多数人对于动物有没有心灵、有没有意识都持有一种自然态度。这个自然态度就是说，会自然而然地用拟人化、人格化的视角，去看待和解读动物各种各样的行为表现。比如在春天早上，窗外的鸟儿“欢快地歌唱”；爱犬在主人回到家时，难以抑制它“激动的心情”；老鼠看到猫时，老鼠瑟瑟发抖，“怕得要死”。“君子远庖厨”，听到厨房里待宰杀的动物“痛苦的叫声”，君子会不忍食其肉。所以我们通常会自然而然地相信，绝大多数动物，只要它们会动，而且动起来的花样足够多——别像蜗牛或海葵那样——它们就是有感知、有体验、有意识的。哲学家把这种自然态度叫作“拟人论”，英语叫“anthropomorphism”。这个概念原来的含义，是基督教讲的“神人同形同性论”，认为人是上帝创造的，因此人和上帝拥有同样的形态和类似的性质特征。然而到了19世纪末，大家对这个概念内涵的讨论，慢慢转变成了如何科学地理解动物行为。在立场上也分化出两派：一派以达尔文和罗曼尼斯（George Romanes）为代表，相信人类与动物在心理能力方面具有演化上的延续性。另一派以摩根（C. Lloyd Morgan）和华生（John Watson）为代表，他们担心把人类的心理状态归赋给动物，将会有损科学观察的中立性。摩根在《比较心理学导论》中提出一条很有名的法则：“如果能用低等的心理机制来解释一个行为，那就绝不把它看作是高级心理活动的结果。”意思就是说，别把动物看得太高级了，尽量用一种简单的、朴素的科学眼光去解释动物的行为表现。这个就是“摩根法则”。虽然摩根本人也承认，有些动物比如猩猩，它们拥有高级心理能力，但“摩根法则”仍然深刻影响了20世纪的心理学家。后来有不少人觉得，“摩根法则”其实就是一种行为主义。行为主义倾向于否定心理状态的存在，他们会说，心灵就是行为或者行为的倾向。这样来看，行为主义显得太过科学主义、太过极端了。

所以我们看到，一端是拟人论，条件过于宽松，只要是动物，自然而然就是有心灵、有意识的。另一端是“摩根法则”，认为很少有动物会有高级的心理能力，一切都是行为反应，或者一些简单的心理联想或条件反射的组合而已。也许，正确的答案可能坐落在这两个极端的观点之间。现在的问题是，我们怎么去思考这个话题呢？这可能需要借助之前哲学史上的经验了。那就是，你怎么知道其他人有没有心灵、有没有意识呢？这是经典的“他心问题”。

哲学家处理“他心问题”大致分为两大阵营：推论主义和非推论主义。推论主义主张，要通晓他人的心理状态，或者要知道他人有没有心灵，必须借助某些理论依据，或者特定的认知机制。非推论主义顾名思义就是无需推论，意味着他人的心灵没有什么私密性，因而我们是以直接感知的方式，识别出他人的快乐或悲伤。你知道老师刚才有点生气了，不是先看到老师下半张脸的面部肌肉耷拉着、眉头紧锁着，然后根据什么理论推导出他生气了。你会说，老师生气了，因为我“看到”他生气了。心灵是可以直接被观察到的，不需要推论或推理。

当代美国著名哲学家塞尔（John Searle）认为，如果你说一只狗或者一只猫没有意识，这样的说法类似于一种不靠谱的怀疑论。它相当于说我们面前的桌子不存在，我所在的学校不存在，一切都是梦境，一切都是虚幻。因为动物有心灵、有意识，这是最基本的、不能去质疑的事。你否认这些事情，那我们关于世界的真理大厦几乎就崩塌了。动物有意识，就像太阳存在、地球存在一样，这是最直观的事，不需要什么理由的，所以也就不需要推论得知这一点。我们相信动物有意识，根本不需要辩护。

另一位哲学家贾米森（Dale Jamieson）也是非推论主义的支持者。与塞尔略有不同，贾米森的理由更接近于直接感知理论，他认为人们可以直接感知到动物的心灵——正如你可以直接感知到老师此刻在生气，而不是先感知到老师的面部表情肌发生牵拉，再从中推知他生气了。所以，根据贾米森的说法，我们可以直接感知到鱼儿的快乐。看到鱼儿出游从容，不是推知作为鱼儿快乐的理由，鱼儿出游从容这个行为本身就是快乐的行为。我们是直接看到了鱼儿感到快乐。看到了一些动物有意识，这就好比在平常生活中，当你看到了一只流浪狗在地上打着滚儿号叫着，你就看到了这只狗处在痛苦的状态中。这里不需要推导，你感知到动物特定的一组行为的同时，就是直接（而非由行为推出）感知到了它们的心灵和意识，所以这也是一种非推论主义的路子。

但是我们再仔细分析一下，上述非推论主义的两种说法，或许都是有点问题的。

也许非推论主义可以去搞定经典的“他心问题”，推论主义如今也有越来越多的学者去支持，但在跨物种的意识归赋问题上，这个方向并不可行。首先，非推论主义错在把认知与实践上的事实当作本体论事实。什么意思呢？也就是人们习惯于相信动物有意识，但并不等于动物的确就有意识。比如古人“祭神如神在”，并不由此就能证明祖先的亡灵真的存在。我们去烧香拜佛、上坟祭祖，并不等于说灵魂真的在这个世界中存在。其次，即使直接感知理论在经典的“他心问题”上有说服力，可是在跨物种的情境下未必适用。例如我从你爽朗的笑容中感知到你的快乐，不等于我能从一只宽吻海豚看似微笑的张嘴表情中，正确地感知到它在快乐。恰恰相反，动物行为学家发现，海豚张嘴可能是一种攻击性的姿态，你别以为它在笑，最好离它远点儿，别打扰它。另外呢，由于人类与其他动物在身体形态、生物习性和生存环境诸多方面有着种种差异，读心的直接感知理论无法“放之万物而皆准”。我们喜欢身上干干净净的，但是蜗牛喜欢趴在泥堆里，泥鳅喜欢钻进黏糊糊的水塘泥洞子里。动物间的悲欢彼此并不相通。最后，也许有人会坚持说我们能够直接感知自家宠物的心理状态。比如，我对我家的哈士奇太熟悉了，谁说我不能感知到它的意识呢？就算你说得对，但是当你面对食蚁兽、蝙蝠、鮟鱇、章鱼这些在我们日常生活中不太常见的“异形”物种时，事实上很难直接感知到它们的心理状态。由此可见，非推论主义在我们关心的话题上会陷入一种“种族假相”的蒙蔽，结果要么偏向于拟人论，要么偏向于人类中心主义。要是按照非推论主义的路子，我们大概还是回答不了哪些动物有意识这个问题。

所以这样一来，我们还是把探索动物有没有意识，切换到推理主义的阵营来考察吧。推理主义大概有两种进路或两种方式。一种叫作理论优先，一种叫作方法论优先。所谓的理论优先，就是要求我们先去找一找有什么靠谱的意识理论；再用这些哲学或科学的意识理论，去考察哪些动物有意识。而所谓的方法论优先，就是依赖一些方法而非理论，去寻找哪些动物有意识。这些方法大致包括类比推理和最佳解释推理。这里先讲理论优先进路。

在理论优先进路中，当前关于意识的哲学和科学解释种类繁多。要考察动物有没有意识，有些意识理论可以很快被我们排除掉。比如“二元论”和“观念论”（也叫“唯心论”）。二元论是一种古老的心灵观念，在近代西方被笛卡儿发扬光大。二元论说的是，一个对象有没有意识要看它有没有独立于物质的灵魂，这个灵魂你观察不到，用物理的手段也测量不到。很明显，二元论在今天跟大家通常接受的自然科学相去甚远，所以它偏离了唯物主义的“正轨”，不怎么受待见。观念论或唯心论大致会说，一切物质性的事物，本质上都是意识的产物。这个说法对于判断哪些动物有意识也起不了作用。所以，我们的眼光大概还得盯在关于意识的唯物主义（今天更流行的叫法是“物理主义”或“自然主义”）的学说里。但是唯物主义也不是铁板一块，比如有一种理论叫作意识的“取消论”（eliminativism），认为根本不存在心灵或意识这样的东西，所谓的心灵存在、意识存在，就像“燃素”存在、“生命活力”存在、“以太”存在一样，都是古老而过时的可以被淘汰的理论。所以这样看来，“取消论”肯定也不行，因为“取消论”把问题连根拔起了，完全无法解决我们所要讨论的问题。这样一来，剩下的选项大致包括三种了：第一种是意识的“信息整合理论”（information integration theory，简称 IIT），第二种是“心脑同一论”，第三种是各种版本的功能主义。接下来我会证明，这三类选项对分布问题都无法给出令人信服的解答。

首先我们来看意识的“信息整合理论”，也就是 IIT。这个理论确实有点复杂，最早由神经科学家托诺尼（Giulio Tononi）提出的。他们把意识等同于信息的某种整合方式。在自然界当中，要产生意识，需要物理上（而不仅仅只是功能上）的因果力，它具有谱系上的程度化差异，原则上是可被测量的。所以许多人认为,“信息整合理论”是一种科学版的“泛心论”。这是什么意思呢？在这里它所蕴含的结论是：所有动物，甚至所有的植物、细菌和病毒都有意识，越是因果力整合复杂的事物，意识的程度越强，小到一块石头、一粒沙子，也有微弱的意识。不过这个蕴含的结论是有问题的。一方面，当我在起床洗漱完毕后，我确实比闹铃刚响时更加清醒了，或者“意识程度”增加了，但那是哲学家所谓的“不及物的生物意识”（intransitive creature consciousness），与我们在这里讨论的“现象意识”是有区别的。另一方面，“现象意识”没有谱系般的程度区分，整体上讲，一个东西，不管是乌龟也好蚂蚁也罢，要么有意识，要么没有意识。说一条蚯蚓“有一点意识”，我们觉得很难理解是什么意思。因为当我疼痛时，我有一种难以忍受的不愉快的痛觉体验，而一只神经构造更为简单的草履虫，如果在“某种微弱的程度上”感受到疼痛，那仍然还是疼痛，只不过或许是程度更轻微的疼痛体验罢了——但这不是“信息整合理论”的原意，因而“信息整合理论”无法作为分布问题的判定标准。它在动物意识的分布问题上给了一个痛快且宽容的解答，却带来了更多的困惑。

接下来我们简单来看另外一种备受脑科学家欢迎的意识学说，那就是“心脑同一论”。这个学说主张，某一类型的意识状态，就是特定类型的大脑状态。比如说，疼痛是什么？疼痛就等同于特定类型（所谓的C-神经纤维）的大脑皮层被激活。要有意识，一定要有特定的神经细胞、特定的脑区。但是这个理论很快面临一个反驳，很多生物都没有人类这样的大脑皮层，比如鱼类就没有大脑皮层中的新皮层，但是要有疼痛，一定得有新皮层，那么鱼类就不能感受到疼痛了吗？也许你可以说，鱼类当然不会痛，鱼类也没有意识。但问题是，也许有一些非常高级的外星生物，（设想那些三体人）他们没有碳基的大脑，只有硅基的芯片遍布全身，那他们是没有意识的吗？哲学家普特南（Hilary Putnam）会说，意识这个东西就是一种功能。一种功能，可以通过多重方式去实现出来。我举一个例子，大家马上就可以明白。比如钟表是计时的工具，钟表的功能是计算时间。因此只要能做到精准计算时间的就是钟表。我们通常想到的钟表，得有一个圆的表盘，上面有从 1 到 12 点的刻度，并且还有时针、分针甚至秒针。但是钟表不一定非得是这样的结构，非得是依赖这样的金属物质的机械装置。我们的手机也可以计时，电子表也可以计时，古老的计时工具还有沙漏、滴漏、日晷，等等。类似地，意识不必非得是有人类这样的大脑才有，只要某些功能组合发挥出特定的功能、承担起相应的角色，就能够叫作意识。所以这个论证，就是所谓的“多重可实现性论证”。它暴露出心脑同一论的人类沙文主义谬误：在观念层面上，我们可以设想有疼痛体验，但缺乏相关神经构造的生命形式，心脑同一论本身就是不对的。

那么功能主义就对了吗？虽然功能主义采纳的多重可实现性，在原则上修正了心脑同一论的人类沙文主义谬误，但它在动物意识的分布问题上，遇到了一个循环辩护的问题。有位哲学家米歇尔（Matthias Michel）表示说，功能主义不仅需要表明意识是多重可实现的，还需要找到实现意识的必要条件 C，从而把不恰当的（implausible）多重可实现的事例排除掉。举个例子来说，鱼类缺乏新皮层，但却有其他神经组织扮演了新皮层实现疼痛所需的功能，因而不妨设想它们是有意识的。如果一只被砍掉脑袋的青蛙，用腿抓挠着自己的伤口，表现出类似躲避疼痛的行为反应，难道这只无头青蛙也会因为意识的多重可实现而感到疼痛吗？我们觉得这件事情不可思议，青蛙的脑袋都被砍掉一个多钟头了，它还能感觉到疼痛吗？意识可以在脊柱中实现吗？所以大家觉得，这个事例有可能是一个不可靠的多重可实现事例。要排除这类不可靠的多重可实现事例，我们就得找到一个关于意识的必要条件 C，但是你想知道条件 C 能否作为意识的必要条件，就得验证这一假设：对于某个事物 E，如果 E 是有意识的，那么 E 满足条件 C。比如，对于一只无头青蛙来说，如果青蛙是有意识的，那么这只青蛙必须满足某个条件 C。这样一来，你需要同时知道 E 是否满足条件 C，也就是青蛙的生理状态是否满足条件 C，以及 E 是不是有意识的，也就是无头青蛙是不是有意识的。现在的问题在于，没人知道这只无头青蛙是否拥有意识，因为那恰恰是我们试图寻找的答案。所以米歇尔的这个论证表明了，关于功能主义的多重可实现性，我们无法找到一个去伪存真的标准。这么一来的话，功能主义本身只是一个含糊其词甚至是空洞的意识理论，还是没办法在分布问题上做出有效的判定。

也许有人会说，可是关于动物有没有意识，我们还有一些特定的功能主义版本啊。比如说有一种理论叫作表征主义，说的是只要动物具有特定的信息加工、信息表征的能力（这种能力通常可以表现为学习），那么它就是有意识的，因为意识无非就是心理表征而已。我们关于这个话题的背景知识暂且不多作介绍了，换言之，只要发现某个动物物种，它能够具有一定的学习能力，我们就可以说它有意识。这样一个意识的标准就太简单了，可以说，绝大部分动物都有意识，甚至你都可以说植物也有意识，人工智能也有表征，也在做信息加工，那人工智能也有意识吗？这样看好像衡量意识的标准又太宽泛了。

上述所举的例子属于“一阶表征主义”，而与这种“一阶表征主义”相对的，还有一种“高阶表征主义”。什么叫“高阶表征”呢？那得先看什么叫“一阶表征”。我们的大脑每天在不停地在进行各种各样的信息加工，而且这些信息加工，有助于你在认知和行为上做出应对环境变化的举动，但是对于大部分的信息加工过程，你并没有在意识层面上有任何感觉。举个例子，你骑着自行车从宿舍来到教学楼，在路上骑了10分钟的车，在骑车过程中，你的大脑其实已经加工了很多的视觉信息。比如大脑察觉到一位行人穿着蓝色的衣服要横穿马路等，你的眼球接收到这些视觉信息，把这些视觉信息发送给相应的视觉皮层加工，从而使得你一边骑自行车一边完美地避开这位行人。但是当有人问你，刚才你看到一位穿蓝衣服的人了吗？你可能回答不上，或者直接说没看到。因为这个加工过程，尽管是对外部世界状态的表征，但很可能是无意识的，这个加工的信息本身，没有被你的大脑进一步意识到，所以你就没有这样的意识经验。因而不是所有的心理表征，都是有意识的。我们还可以看看盲视（blind sight）这种奇怪的心理现象。一些初级视觉皮层受到损伤的病人，看不到受损的V1脑区对侧那半个视野中的任何东西。病人在那半侧视野里是看不见东西的,但他又能大致指出某个测试目标物的方向。病人能够找出目标，或者正确地“猜”出目标的颜色或朝向，但他本人却竭力声称自己什么也没看到。这种症状表明，有些病人虽然看不见东西，却残存着有限的视动行为。换句话说，这些病人可能有一阶的视觉信息表征，但没有通过高阶的表征而获得的相应的视觉意识。

所以说，所谓的高阶表征，其实是作为意识主体的大脑，思考了自己的思想或经过一阶表征后才能得到的结果。因而我们通常会说，高阶表征要求意识主体具备元认知（meta-cognition）或读心（mind-reading）的能力。照这个说法，绝大多数动物都缺乏意识，只有像猩猩、海豚这样的高等级的哺乳动物，才能具备高阶表征，有思考自己思想的能力。尽管它们有一阶的心理经验（experience），但那样的经验是无意识的，而意识则是对经验的高阶觉知（awareness）。

小结一下，论述为止，我们可以说，在推论主义的阵营里，理论优先的进路，似乎并不合适。尽管我们后面会看到，我们要通过推论主义，对动作的意识进行考察，在某些情况下必须要用到特定的意识理论，但是你一上来就用意识理论去考察分布问题就会有问题。这里的问题在于，没有哪种意识理论有望从中胜出，也没有哪种未被提及的意识理论获得学界主流的认可。所以目前的结论就是，理论优先进路无法充当解答分布问题的逻辑起点。

幸好我们还有另外一种推论主义的路子，现在就来看一下方法论优先这个进路。

回到之前说过的经典的他心问题。要摆脱他心的怀疑论，试图论证自己不是世界上唯一拥有心灵的主体，我们通常还会诉诸类比推理。大哲学家密尔（John Stuart Mill）说过："我知道自己拥有心灵，而我相信其他人也有感受或心灵。"这是如何做到的呢？其实是因为："首先，他们有像我一样的身体，而我知道拥有身体是拥有感受的前提条件；第二，他们表现出了行为和外在表情，我凭自己的经验知道那是由感受所引起的。"密尔在这里，没有引入任何关于心灵的理论，只用了类比推理，强调自己和其他人之间所具有的一些相似性，比如拥有身体，有相似的行为，有相似的面部表情，等等，从这些相似性当中，可以推出他人也拥有感受或心灵。如此看来，类比推理这个方法论，当然是从属于推论主义这个大方向的，它可以不依据任何意识理论，因而是方法论优先进路。一会儿我们会看到，用类比推理解答分布问题，在这个过程当中有时可能需要纳入某些特定的意识理论，但类比推理本身却是理论中立的。不过换个角度来说，方法论优先进路，也不排斥除类比推理之外还有其他方法，例如最佳解释推理，因此在资质上，我们可以说方法论优先进路是可以与理论优先进路一起，并称为推论主义的两大进路。

回到类比推理上。什么叫类比推理呢？其实所谓类比（analogy），就是在两个对象或对象系统之间进行比较，突出强调它们的相似方面。例如“祖国的青年就像早晨八九点钟的太阳”，这是一个比喻，也可以看作一个类比。不过严格说来，类比推理是要引入两个系统之间已被接受的那些相似性特征，从而得出结论表明其实还存在着其他相似性的特征。类比推理本质上属于归纳推理，归纳推理跟演绎推理不一样，我们不能从前提为真，保证推出的结论为真。比如，我看到一万只乌鸦都是黑的，不能由此保证天下所有的乌鸦都是黑的。所以从论证的角度看，类比推理在形式上不是有效的（valid）。但它可以有形式化的表达，也就是：

（1）A是F和G；

（2）B是F；

（3）因此，B是G。

这里的 A 和 B，就是类比推理中的两个类比项（analogs），A 可以叫基本类比项，B 叫推测类比项。F 和 G 都是 A 与 B 的相似性（similarities），那么 F 是基本相似性，G 则是推测相似性。

一个恰当的类比推理，至少必须要满足两个条件：条件一，A 与 B 之间的基本相似性 F，必须与推测相似性 G 相关；条件二，A 与 B 之间的任何不相似性（dissimilarity），都必须与推测相似性 G 无关。

为了帮助大家理解这两个约束条件，不妨看两个失败的例子。例一：

（a）牛是家养的、有脚的恒温动物，并且牛是胎生的；

（b）鸡是家养的、有脚的恒温动物；

（c）因此，鸡是胎生的。

我们很容易看到，这不是个恰当的类比推理，因为这个类比论证无法满足条件一。为什么不能满足条件一呢？因为动物是不是家养的、有脚的，以及是否恒温（基本相似性 F），与它是不是胎生的（推测相似性 G）完全没有关系。我们现在再来看例二：

（a）地球是行星、有足够的质量、有恒星作为能量来源，并且地球上有生命；

（b）火星是行星、有足够的质量、有恒星作为能量来源；

（c）因此，火星上有生命。

同样地，这也不是一个恰当的类比推理，因为这个类比论证无法满足条件二。我们都知道，火星与地球相比有很多不相似的地方，然而有一个非常重要的不相似之处，那就是，地球上有水，而火星上没有水。这个不相似之处，一个有水一个没水，与推测相似性 G，也就是有没有生命，那绝对是密切相关的，甚至这个相关性，是一种必要条件——水是有生命的必要条件，至少目前科学家不会不同意这点。

刚才说了两个例子，都在试图告诉大家，用类比推理去判断动物有没有意识，同样需要满足两个条件。那么在考察动物意识的问题上，这里的基本类比项 A，就是指人类自身；推测类比项 B，就是指有待考察的某个动物物种；推测相似性 G 呢，无疑就是考察目标，也就是意识；而与意识 G 有关的基本相似性 F，具体包含哪些东西，却是类比推理本身无法决定的。所以正是在这个意义上，类比推理仅仅是一个理论中立的方法论，但是要确定这里的 F，不同的学者可能选取的参考标准会有所不同。关于这里的 F，我们大概可以确定三点。首先，F 必须是与意识相关的，最好是很强的关联，比如因果关联。第二，F 不能是必须凭借主体第一人称的内省才能识别的性质，F 不可以是无法通过外在观测来确定的东西。为什么呢？因为 F 是人与动物共有的相似性，而我们人类无法内省动物的心理经验，所以 F 必须满足可观察的要求。第三，F 是一系列诸如此类的特征，比如说根据环境变化引发的行动反应，可以被科学手段检测到的物理 – 功能属性，或者说根据某些神经生物学理论可被断定的生物性状。这也是为什么在动物心灵研究领域的领军级学者、哲学家安德鲁斯（Kristin Andrews）看来，类比推理在我们的问题语境下，不得不重新纳入一些意识理论。套用康德的话来讲，在跨物种的意识归赋问题上，“意识理论无类比推理则盲，类比推理无意识理论则空”。

然而这样一来，有个问题又冒出来了。如果不同的学者瞄定了、匹配了不同的意识理论，将不同的外显特征视为意识的相关项，那这样的话，又会在某些动物物种是否有意识的问题上，得出一些相互矛盾的答案了。接下来我们简单讲讲三位学者的观点，瓦尔纳（Gary Varner）、普林茨（Jesse Prinz）和卡鲁瑟斯（Peter Carruthers）三人，他们分别用类比推理来对动物意识进行考察，最后得出的结论非常不一样，借此可以看出类比推理的一些不足的地方。

先说瓦尔纳这位哲学家，他结合了生物学家布莱斯维特（Victoria Braithwaite）等人关于鱼类疼痛的一些科学研究，考察了不同物种的意识状况。他所挑选的基本相似性 F，既包括疼痛的神经生物学基础，也包括有机体应对疼痛的生理反应和行为表现。讲得再具体点，瓦尔纳为 F 所设定的参考子目包括以下四个要素：（1）拥有与大脑相连的痛觉感受器；（2）大脑产生内源性阿片肽物质；（3）有机体应对肌体损伤刺激时候的行为反应；（4）上述这些行为反应，会因为止痛剂起了作用而得以缓解。①

这几个指标说的是什么呢？对于第一个因素，简单来讲，人

① Gary E. Varner, *Personhood, Ethics, and Animal Cognition*: *Situating Animals in Hare's Two-Level Utilitarianism*（Oxford and New York: Oxford University Press, 2012）, p.113.

类要有痛觉，首先得有痛觉感受器。我们的皮肤、肌肉组织和内脏器官上都遍布了痛觉感受器，而且这些痛觉感受器，得跟相应的脑区比如新皮层有连接。第二个因素说的是，人类在疼痛的时候大脑会分泌一种化学物质，这种物质叫作内源性阿片肽，类似于鸦片一样，它可以帮助我们缓解疼痛。这个止痛剂我们不用去买，健康的大脑在需要的时候会自动分泌。第三个因素讲的是，我们人类在疼痛时通常会有一些行为表现，例如手被火焰灼伤，马上把手从火焰源头抽回来，然后立即去揉搓、护理伤口，同时也会喊疼、龇牙咧嘴，等等，并且那之后一段时间内，我们的学习能力、进食意愿也都会下降。

接下来，瓦尔纳用了这四个要素，去考察不同的动物物种，这些物种几乎涵盖了大部分常见动物的种类。在类比推理的推测类比项（2）当中，瓦尔纳列出来的动物种类有环节动物、昆虫、头足类、鱼类、爬行类、鸟类和哺乳类。现在他根据每一个门类满足F子目的多少，结合科学研究的证据，最终得出的结论是：哺乳类、鸟类、爬行类和鱼类这些脊椎动物，大概率会拥有疼痛的意识体验；而在无脊椎动物当中，只有头足类动物或许拥有意识。

为什么这个说法在整体上是类比推理呢？因为很明显，动物有没有意识，都要跟人类的某些方面进行类比。你觉得这个结论应该是正确的吧，毕竟它有科学证据的支持。但是其实不是这样的。如果其他学者来用同样的方式考察哪些动物有意识，但他们选择的从（1）到（4）的指标是一些别的要素的话，答案可能又有点不太一样了。

所以我们现在至少还是可以提出两点质疑。首先，在瓦尔纳这个类比推理中，基本相似性 F 无非是构成了充分条件而不是必要条件，这些充分条件本身可以根据不同的意识理论进行增减或做出修正。第二，瓦尔纳这个类比推理，即便能够确定哪些动物拥有意识，但是却不能否定哪些动物没有意识。比如蚯蚓的身体形态和生理构造与脊椎动物大相径庭，它们没有痛觉感受器，也没有被观察到拥有与人类相似的疼痛行为反应，但是这不能排除蚯蚓有其他实现疼痛的感知细胞或感知机制。

与瓦尔纳不同，另一位美国青年哲学家普林茨认为，动物行为五花八门，仅凭行为证据去推断它们有没有意识的做法并不可靠。比如，藤壶跟螃蟹一样是甲壳纲动物，不是贝类，但是它们的行为非常单调。你怎么去判断它们有没有意识呢？所以普林茨更青睐于一种所谓的“意识的神经相关物（NCC）进路”。他尤其相信 AIR（Attended Intermediate-Level Representations）理论是对的。这个所谓的 AIR 理论，翻译过来叫作“受注意调控的中间层次表征”理论。大致就是说，意识产生于层级化的感知系统的中间层次。感知系统的底层是局域性的感知器，例如眼睛、耳朵或痛觉感受器。感知系统的高层，就是抽象化的概念表征网络。而人类的意识大致在这两极的中间。这是一个抽象的功能化的说明。只有当感知信息被我们的注意力所调控，感知信息进入到工作记忆或者短期记忆当中去，才能被其他认知机制模块所用，意识才会出现。此外，我们知道人的大脑是有脑电波的。当脑电波中的伽马波，达到 25—100 赫兹之间时，人脑会被认为是有意识的。尤其是在 40 赫兹左右的时候，人脑处于典型的意识状态。

据说这个波段意味着建立起了统一、清醒的认知状态。所以伽马波的这个指标也被视为意识的重要相关物。因此在普林茨的类比推理当中，是否拥有注意能力、工作记忆和伽马波这三个东西，成了判定动物是否有意识的参考指标（属于基本相似性 F）。然后，他又考察了哺乳类、鸟类、爬行类、鱼类、头足类和昆虫，最终得出的结论是：（1）哺乳类和鸟类都有意识；（2）受实验手段的限制，目前没有证据表明爬行类具备 AIR 理论所支持的 NCC；（3）某些鱼类可能具有 AIR 理论所支持的 NCC；（4）头足类也许具有产生意识的神经基底，但此结论有待进一步确定；（5）根据科学家在果蝇、蜜蜂等昆虫身上找到的证据，昆虫满足 AIR 理论的所有要素，可被判定为是有意识的。

看到这个结论，别的暂且不说，普林茨与瓦尔纳的重大分歧在于，瓦尔纳似乎要在脊椎动物与无脊椎动物之间划出一条是否具有意识的分水岭，而普林茨却笃信昆虫也有意识。瓦尔纳的结论更符合人们的直觉，而在普林茨这里，既然昆虫有意识，考虑到生物进化的历史，或者说种系发生学方面，为什么涉及对更“高级”的头足类、爬行类和鱼类的意识判定时，反倒如此谨慎呢？当然，面对这个质疑，普林茨可以辩护说，他只是将 AIR 理论作为类比推理的参考指标，考虑到一些实验难以在某些动物身上实施——例如与工作记忆和注意力相关的测试就难以用于爬行类，或者科学家难以检测到相关数据——例如龟类在进行视觉感知时，伽马波数值偏低，最终导致缺乏足够的经验证据。所以说，如果像别的哲学家，例如戈弗雷-史密斯（Peter Godfrey-Smith）考察章鱼意识那样，要求去结合行为证据和神经系统的演化史证据，普林茨会认为那是采纳了不同于 AIR 理论的参考指标，得出的结论与他的说法当然可能会不一样。可是我们现在还是面临这样的疑问：关于昆虫有没有意识，我们该相信哪种说法呢？还有没有必要引入别的意识科学理论来对这些争议进行仲裁呢？

之前我们提到的高阶表征理论，这一理论的提出者就是著名的认知科学哲学家卡鲁瑟斯。但是哲学家的想法也不是一成不变的，最近几年，卡鲁瑟斯教授就改变了他的主张，转而认为，动物有没有意识这一问题其实是无解的。他说的无解不是说我们现在知识不够、证据不够，以后认知科学足够发达就有解了。他是说，这个事情在本体论上，或者在事情本身，就根本不存在任何事实真相。追问动物有没有意识，好比你去追问三千颗沙子是否构成一个沙堆那样，最后是没有答案的。哪怕有再多的意识理论也无济于事。这是因为他认为我们人类要思考意识，其实有两种不同的概念系统——现象概念系统和物理-功能概念系统。当我们从第一人称角度去思考现象意识时，只是动用了现象概念，现象概念既没有描述性的语义内容，也与物理-功能或表征概念缺乏任何关联。所以这个概念二元论听起来复杂，但是大致要说的就是：在做这样的类比推理时，所谓的两个类比项，也就是 F 与 G 之间的关联，根本无法建立起来。我们不得不通过第一人称的视角去思考自己的意识，但是我们又不是动物本身，因而我们没办法站在动物的第一人称角度去揣摩动物的心理状态。你要用观测的方式去看动物有没有意识，根本无法真正确认你所观测到的结果，跟动物的主观意识经验本身有什么关系。所以，实际上根本就没有解答动物意识分布问题的可能性。

综上所述，要从类比推理出发，追问哪些动物有意识，其实还得需要引入特定的意识理论，但不同的意识理论在解答动物意识分布问题时，又会引发极大的分歧。现在卡鲁瑟斯的诊断似乎是在宣告，建立在类比推理这个方法论上，来考察动物意识分布问题，终将是一场徒劳。

那接下来怎么办呢？动物有没有意识，是不是真的无解呢？一个好消息是，除了类比推理，最佳解释推理也可被当作回应他心问题常用的方法论。你为什么相信街上的行人绝不是没有心灵的行尸走肉呢？因为你看到他们行走得如此自如，言语行动都那么自然，最简洁、最合理、最统一也最自然的解释，就是认为他们具有心灵。所以最佳解释推理是一种便捷的方法论。我们在日常生活中经常用它。举个例子，早上快要上课了，你去敲隔壁宿舍的门，但是敲了半天没反应。面对这个情况，也许你的脑子里会很快闪过好几种解释方案。如果你脑洞大开，也会设想他会不会猝死在床上了，会不会被外星人劫持走了，会不会昨晚他喝醉了酒没醒来等。但这些假设你很快会发现是不太可能的，因为它需要很多额外的条件才能成立。考虑到你朋友是个作息规律、生活自律、做事谨慎的好学生，因此最好的解释就是——他已经出门去教室了。这个方法论也适用于跨物种的意识归赋，美国哲学家泰尔（Michael Tye）就是这么运用的。

我们知道，牛顿在他著名的《自然哲学的数学原理》第三章中，提到了几个研究自然哲学（也就是科学）的法则，其中他提出的第二个法则说："对于自然界中同一类结果，必须尽可能归之于同一种原因。”这个法则的要义就是，面对新的事例，应该从相同的结果推出相同的原因，除非我有额外的证据击败这个推论。这其实就是在做最佳解释推理。只要遇到相同的结果，最简单、最具有一致性的假设，就是它们有着相同的原因。什么意思呢？举个例子，假如我之前遇到过好几个人得了肺癌是因为长年大量吸烟，现在有人告诉我说，他们小区里的老刘得了肺癌了。我不认识老刘，但是我可能首先想到，他应该是个老烟枪。除非有新的证据、新的信息能够击败这个假设，否则我会自然而然地采纳老刘长年抽烟这个假设。这个就是对牛顿法则的应用。

有了这条“牛顿法则”，泰尔教授广泛考察了从哺乳类、鱼类、鸟类、爬行类等脊椎动物到头足类、环节类、昆虫等无脊椎动物的意识经验状况。很简单，要知道动物有没有意识，就从它们的行为当中做出推断。在他看来，大脑标准或者心脑同一论、神经功能标准（或者说功能主义）以及不可知论，它们本身都不构成“行为标准”的击败因子（defeater）。在他看来，只是看鱼类有没有大脑新皮层、有没有注意力、有没有伽马波，通常情况下这些都不能单独构成反驳鱼类有意识的证据。换句话讲，在泰尔这里，无论哪种意识理论，一开始并没有资格充当判定动物意识分布问题的依据，当面对一个充满歧义的事例时，如果论辩对手拿出反驳理由质疑原先的解释时，这时候引入意识理论来做进一步分析才是恰当的。泰尔也承认，跨物种的行为相似性不足以保证意识经验的相似性。但是只要你找不出反驳理由，或者反驳理由不成立，就应该接受这样的设定。根据牛顿法则，设想哪天埃隆·马斯克他们搞出来一只与真实的兔子在行为上毫无差异的机器兔，我们也得承认这只机器兔子就是有意识的。所以在泰尔那里，意识的分布范围比我们通常设想的还要广泛。在他看来，绝大多数动物，都是有意识的。

上述说法，都被写在泰尔的一本书里。这本书的书名很有意思，叫作《紧张的蜜蜂与受电击的寄居蟹：动物有意识吗？》。在这本书里，泰尔的精彩笔墨多用于以牛顿法则来分析各式各样的动物行为。我们在这里举两个例子好了。一个例子是关于园丁鸟的。动物学家发现，雄性园丁鸟在求偶期，为了展示自己的遗传适应性，会用树枝搭建一座“相亲棚”。棚屋的入口通道铺满了五颜六色的装饰物，通道前端铺设的彩色饰物比里头的更大，这让棚屋里的雄鸟显得更加“伟岸”。这个就类似于人类制造艾姆斯小屋（Ames room）的视错觉。艾姆斯小屋就利用了所谓的“大小恒常错觉”，在这个小屋里头，如果两个身高完全一样的人，分别同时站在房间的左边和右边，会产生高度差距明显的错觉，比如左边的人看起来比右边的人要高很多。之所以看起来一高一矮，是因为艾姆斯小屋提供了一些错误的背景。实际上，后面的墙并没有与观察者平行，而是斜的，地板的装饰也掩盖了这种倾斜，人也不是一大一小，而是一远一近而已。回到园丁鸟的例子，园丁鸟在搭棚过程中，雄鸟会反复调整这些装饰物，力求营造最佳视错觉效果。泰尔就指出来说，如果园丁鸟没有视觉意识经验，它们如此费力劳心的求偶行为就无法得到恰当的解释。因此，园丁鸟有视觉意识经验，就是对它们这种行为的一个最佳解释。

另一个有趣的例子说的是大黄蜂拥有焦虑的情绪。动物会焦虑，意味着当它们在面临潜在危险时，会变得小心谨慎，这种本能的情绪反应在我们人类身上体现得很明显。在人类身上，我们当中那些经历过创伤的人，特别容易在遇到事情时往最坏的情况想。根据这一点，研究人员训练了一群大黄蜂，将一种气味与含糖的奖励联系起来，又将另一种气味与一种加入奎宁的令人不快的液体联系起来。然后呢，研究人员将大黄蜂分成两组。其中一组被研究人员用力摇晃以模仿捕食者的攻击——这是一种被蜂类讨厌的感觉，尽管它不会带来实际的害处。另一组蜂群则不必遭罪，享受它们的含糖饮料即可。

为了找出这些经历是否影响了大黄蜂的情绪，接下来，研究人员让它们接触全新、模糊的气味。那些度过了愉快一天的大黄蜂通常会伸长它们的口器，期望能得到另一份小吃，这表明它们预期得到更多同样的小吃。但是那些之前被惹恼的大黄蜂则少有这样的反应——它们变得“愤世嫉俗”了。根据泰尔的理解，那些大黄蜂更倾向于把不确定的气味刺激“解读”为惩罚而非奖赏，这说明它们正处于焦虑的情绪当中。根据这个说法，昆虫不仅有意识，还能有情绪。这其实就是在做最佳的解释推理。

用这套“行为标准”去检验动物意识貌似是个“方便法门”。不过呢，泰尔很聪明，他从不断定哪些动物有意识，而是指出如果没有击败因子，将视觉经验归赋给园丁鸟，或者将情绪经验归赋给大黄蜂，这样做对我们而言是理性的。在一些人看来，如此审慎机巧的论述让人很难不赞同他的观点，但是泰尔的说法仍然存在几个疑问。

第一个问题，泰尔认为，用牛顿法则解答他心问题是最佳解释推理。但是之前我们看到，类比推理也是一种好的方法论。如果我们认为泰尔是对的，但不要忘记，用牛顿法则进行跨物种的意识归赋时，类比推理作为缺省配置的方法论，其实引导了推理者将哪个假设看作是最佳解释。我们用视觉经验去解释园丁鸟何以表现出制造视错觉的行为，用焦虑的情绪去解释大黄蜂遭受摇晃后为何变得谨小慎微，正是因为我们将人类自身当作基本类比项 A，把自身的意识经验与行为反应之间的关联模式当作基本相似性 F，以此推断特定的动物个体是否具有推测相似性 G。最佳解释推理要对种种假设进行筛选，而发挥筛选机制的正是类比推理。

第二个问题，在跨物种的分布问题上，把牛顿法则中的原因项和结果项，分别映射为“意识状态”和“行为模式”。不过我会觉得，这样的映射有时候并不恰当。因为引发行为的，不一定只有意识体验，你的潜意识、欲望、意图，都可能引起行为变化或者身体反应，所以泰尔这样去讲还有点问题。除非他把意识这个概念的外延给扩展了，包含了我们说的这些方面。

第三个问题，我觉得比较重要。即使上一条质疑不成立，作为牛顿法则中的结果项，在思考跨物种的意识归赋时，应当从行为模式拓展到有机体的表现型(phenotypes)以及它们的生活环境。为什么要这样想呢？因为作为牛顿法则中的原因项也应当考虑不同动物物种以及同一物种的不同个体主观意识经验的异质性。试想一下，生理构造和生活环境与人类相去甚远的园丁鸟，即使它们的求偶行为模式，被认为与人类制造艾姆斯小屋错觉较为接近，它们的视觉经验真的与我们一样吗？或者大黄蜂有焦虑的情绪体验，那种体验与人类在遭受惊扰后的焦虑体验是同一回事吗？

又以蝙蝠为例，有位非常著名的当代哲学家叫内格尔（Thomas Nagel），他在一篇奇文《作为一只蝙蝠是怎样的？》当中，提出了一个著名的“蝙蝠论证”，这个论证指出：“蝙蝠的声呐，虽然显然是一种感知形式，它的作用与我们所有的任何感官都不一样，没有理由设想它在主观上与我们所能经验或想象的任何东西相似。”所以，我们还需要思考动物的意识是不是都一样的。至少我觉得，虽然章鱼和老鹰都有视觉经验，但章鱼的视觉感受和老鹰的视觉感受应该非常不一样。

最后讲到这里，我想说的是，要研究动物意识不能仅仅停留在哲学的思辨层面。需要让比较心理学家、认知科学家帮我们打开一个更好的研究空间。我相信，一些科学研究比哲学争论更可靠。但是哲学在其中也发挥了作用，至少也帮助我们预判了关于动物意识研究的思路，哪些科学研究思路可能是有问题的，哪些思路大致是靠谱的。所以我想承认一个有点悲观但非常坦诚的说法：哲学现在不再是所谓的科学之母了，哲学家对科学家的帮助其实比较有限。哲学要对科学起作用，往往是一个领域还算不上是科学的时候，哲学会提出一些猜想。但是很高兴——也许对于哲学从业者来说有点不爽的是——越来越多的迹象表明，关于动物有没有意识这个问题，正在成为一门科学管辖的事情。

通用人工智能究竟离我们有多远？

复旦大学哲学学院教授、博士生导师 ◆ 徐英瑾

导论：主流人工智能并不真正“通用”

人工智能科学的蓬勃发展，已经给公众带来这样的印象：像好莱坞科幻电影所描绘的那种具有“通用人工智能”特色的机器，即将进入国计民生的各个领域，彻底改变人类生活的方方面面。

但这样的一种观点是建立在对一些相关概念的巨大误解和混淆之上的，特别是对“专用人工智能”与“通用人工智能”这两个概念的混淆。在本讲中，我们将对这些概念的真正含义进行系统的梳理和反思，以便彻底揭露诸如对这些概念的错误运用等种种迷思。

顾名思义，“专用人工智能”就是指专司某一个特定领域工作的人工智能系统，而所谓的“通用人工智能”（Artificial General Intelligence，简称 AGI），则是指能够像人类那样胜任各种任务的人工智能系统。富有讽刺意味的是，符合大众对于 AI 之未来期待的虽然是 AGI，而且西方第一代人工智能研究者，如闵斯基（Marvin Minsky）、纽艾尔（Allen Newell）、司马贺（Herbert

Simon），以及麦卡锡（John McCarthy）等人，所试图实现的机器智能，多少也具有 AGI 意蕴[①]，但是目前主流的 AI 研究所提供的产品都不属于 AGI 的范畴。譬如，曾经凭借打败李世石与柯洁而名震天下的谷歌公司的“Alpha Go”，其实就是一个专用的人工智能系统——除了用来下围棋之外，它甚至不能用来下中国象棋或者日本将棋，遑论进行医疗诊断，或是为家政机器人提供软件支持。虽然驱动“Alpha Go”工作的“深度学习”技术本身，也可以在进行某些变通之后被沿用到其他人工智能的工作领域中去，但进行这种技术变通的毕竟是人类程序员，而不是程序本身。换言之，在概念上就不可能存在能够自动切换工作领域的深度学习系统。由于一切真正的 AGI 系统都应当具备在无监督条件下自行根据任务与环境的变化切换工作知识域的能力，所以上面笔者的这个判断本身就意味着：深度学习系统无论如何发展，都不可能演变为 AGI 系统。

尽管上面这个结论曾被许多学者反复重申，但考虑到目前支持深度学习的势力实在过于强大，以至于笔者忍不住在此还想换一个角度对该结论进行论证。该论证将以美国哲学家杰瑞·福多（Jerry Fodor）对于联结主义（即深度学习的前身）的哲学批判[②]为母型，可以呈现为下述三段论：

① 譬如，对“通用问题求解器”（General Problem Solver，简称GPS）的研究，就具有AGI研究先驱的意味。请参见：G. Ernst & A. Newell, *GPS: A Case Study in Generality and Problem Solving*（New York: Academic Press，1969）。

② J.Fodor, *The Mind Doesn't Work That Way: The Scope and Limits of Computational Psychology*（Cambridge, MA: MIT Press, 2000）.

大前提：任何一个 AGI 系统都需要能够处理那种“全局性性质”（global properties），比如在不同的理论体系之间进行抉择的能力（其根据则是“其中哪个理论更简洁”或者“哪个理论对既有知识体系的扰动更小”，等等）。

小前提：深度学习系统所依赖的人工神经元网络，在原则上就无法处理“全局性性质”。

结论：深度学习机制自身就无法被“AGI 化”。

很显然，该论证的结论的可接受性，将主要取决于大前提与小前提是否都是真的。笔者现在马上说明：二者都是真的。

此论证的大前提之所以是真的，是因为任何的 AGI 系统都必须具有合乎人类水准的常识推理能力，而常识推理的一个基本特征，就是在推理过程中所涉及的领域乃是事先无法确定的。譬如，人类投资家对于金融业务的谈论就很难规避对于国际政治军事形势的讨论（因为金融市场往往对国际军事形势的变化有非常敏感的表现），因此，我们就很难在讨论金融问题的时候预先设定“哪些领域一定不会被关涉到”。这一点甚至在做家务之类的看似琐碎的日常劳作中，也会得到体现。譬如，对于居室环境的整理在很大程度上并不仅仅关涉“整洁”这一要求，而且还要兼顾“方便用户”这一要求，而该要求本身又指向了保洁员对于所有家庭成员的生活习惯的额外知识。换言之，跨领域的思维能力是即使连做家务的简单日常活动都需要具备的。也就是说，在涉及多样性问题领域的时候，行为主体就必须具备对于来自不同领域的要求进行全局权衡的能力，而这就是福多所说的处理“全局性质”的那种能力。不难想见的是，上述要求不仅是被施加给人类的，而且也是被施加给一个理想的 AGI 系统的——如果我们希望 AGI 具有人类水准上的通用问题求解能力的话。具体而言，家政机器人、聊天机器人与军用机器人所面临的环境的开放性与复杂性，都要求支持这些机器人运作的人工智能系统具有类似于人类的处理“全局性质”的能力。

上述三段论的小前提也是真的，即深度学习机制是在原则上就难以处理这种具有领域开放性的全局性问题。联结主义-深度学习机制的一般工作原理及其局限是公众熟知的，我不想在此重复这些原理性阐述。作为补充，在此我只是想通过一个案例，回答两项质疑（这些质疑是我在平时授课时由学生提出的）。

第一项质疑的内容是：为何我们不能建造一个超级的深度学习系统，让它能够处理不同的任务呢？说得具体一点，既然一个用来辨别物体颜色的深度学习系统能够对颜色的不同色相——亮度、饱和度、透明度等，进行有效的信息处理，那么，为何一个超级的下棋系统就不能够对不同种类的棋类游戏进行统一有效的信息处理呢?

但不幸的是，这种超级深度学习系统其实是无法被研制出来的。理由如下：

第一，机器人的视觉传感器所捉到的一个蓝色花瓶的某种特定的蓝色色调，固然是具有亮度、饱和度与透明度等不同维度的，但这些维度都自然而然地依附在同样一个外部对象之上。因此，一个机器视觉系统不需要思考它自己究竟应当如何将不同的颜色属性捆绑在某个特定对象之上。与之相比，任何一盘具体的围棋对弈与任何一盘具体的中国象棋对弈，各自所对应的都是不同的外部物理事件（因为两类棋盘的基本物理特征不同）——除非有某种系统内部的“精神力量”将它们归为同样的范畴。或者用哲学的行话来说，我们人类对于棋类的分类显然已经自觉地运用了某种抽象的分类概念，而深度学习运作的第一步所蕴含的视角却只能是面向“个例”（token）而非“类型”（type）的。退一步说，即使我们姑且承认深度学习系统是具备某种概念抽象形式的，我们也必须立即补充说：在深度学习那里，那种随时可以成为人类的反思对象的概念分级系统，只能以一种前反思的形式，僵化地存在于计算单元的网状组织结构之中，而因此缺乏任何灵活性。

第二，即使前面提到的这个麻烦不存在，我们也要意识到：任何一个有深度学习的运作，一般都会牵涉到大量的训练样本，并消耗大量的计算资源。[①] 由此，一个能够跨越更多工作领域的深度学习系统，将会在相当程度上涉及“训练样本从何处来”以及“计算资源从何处来”这两个棘手的问题——而与之相比较，人类自身却往往可以在训练样本稀缺的情况下，通过触类旁通而学会新领域内的新技能。

面对上面的批评，目前深度学习技术的支持者或许还会有如下回应意见（这也就是刚才我提到的两项质疑中的第二项）：我

① 美国的生物统计学家里克（Jeff Leek）撰文指出，除非你拥有海量的训练用数据，否则深度学习技术就会成为“屠龙之术”。虽然深度学习专家比恩（Andrew L. Beam）亦指出，对于模型的精心训练可能使得深度学习机制能够适应小数据环境，但是比恩所给出的这些特设性技巧是否具有推广意义，则令人怀疑。

们可以从认知科学家卡鲁瑟斯的“大规模模块理论”[①]中受到启发，建造出一个具有很多模块的超级认知架构——其中每个认知模块用一种深度学习机制来实现，但对于它们的联合调用却使用某种传统的符号 AI 技术。这样一来，“专”与“通”的问题就可以得到某种一揽子的解决方案了。

但笔者认为，上述回应意见依然有两个麻烦。

第一个麻烦是：上述回应预设了某种比深度学习更高级的“调用系统”的存在。换言之，深度学习解决不了的处理“全局性质”的难题，可以通过该调用系统来解决。但问题是：我们从哪里找到具有这种神奇功能的高级调用系统呢？上面的论证已经说明了，这样的调用系统不可能是某种更为高级的深度学习系统。那么，我们就只能期望这种调用系统是某种符号 AI 系统，因为只有符号 AI 系统才在某种意义上逼近人类大脑的中央语义调配系统。但既有的公理化进路的符号 AI 系统在对各个模块进行指挥与资源调配时，却只能将系统可能遭遇到的所有问题语境予以预先规定，而这种预先规定显然会使得系统在遭遇程序员并未设

① Peter Carruthers, *The Architecture of the Mind*（Oxford：Oxford University Press，2006）.

想到的问题求解语境时陷入手足无措的窘境。[①]

第二个麻烦则是：即使上述这个困难可以得到某种意义上的克服，我们也无法保证对于现有深度学习模块的累积可以达到AGI的水平。这是因为人类的既有大脑皮层分工是为了满足人类在采集狩猎时代的生存需要而被缓慢演化出来的，而现有的人工智能研究内部的工程学分工方案，则主要是为了满足人类当下的商业与社会需求而被人为地制定出来的。举个例子，在围棋发明之前就已经出现的人类大脑架构，必定是没有一个专门用于下围棋的模块的。因此，在AI领域内对于诸如“围棋”模块的累积，显然无法帮助我们把握AGI所应当具有的认知架构的本质。或用带有中国哲学色彩的话来说，对于智能活动的“末”“流”与“用”的渐进式模拟，是无法帮助我们认识到智能活动的“本”“源”与“体”的。此外，从AGI的角度看，在AI界既有的“人为的分工方案”（见图1）中，还存在着大量的逻辑上的分类混乱之处，比如，“常识推理能力”“知识表征”“非确定性环境下的推理”等领域，彼此之间其实是犬牙交错、界限不清的，而这种混乱显然会进一步使得对这些研究分支的整合变得困难重重。

① 譬如，在古哈（Ramanathan V. Guha）与麦卡锡（John McCarthy）的语境刻画工作中，研究者必须对整个系统所可能预先碰到的各种语境进行某种“未雨绸缪”式的刻画，并一一给出各个语境中的特定推理规则，以及语境之间的信息交换规则。这显然是一种非常缺乏灵活性的笨拙的做法。请查看：R. Guha & J. McCarthy, “Varities of Contexts,” in *Modeling and Using Contexts*（edited by Patrick Blackburn et al, Springer–Verlage, Berlin, 2003）。

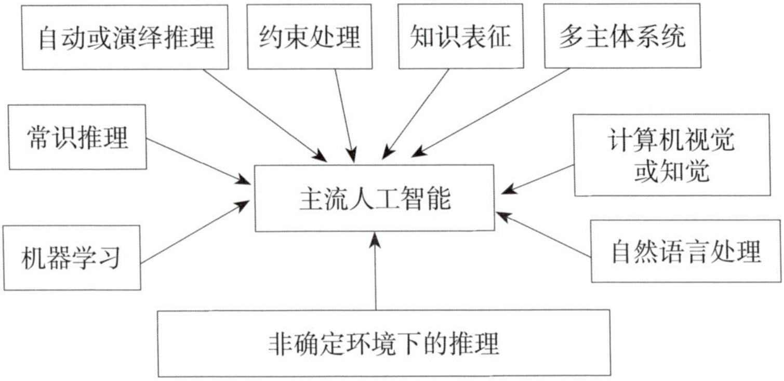

图 1　目前主流 AI 学科内部的学术分工略图[①]

综上所述，目前主流 AI 技术的进展，并不能帮助我们真正制造出具有 AGI 基本特点的智能机器。那么，出路又在何方呢？一个很容易想到的方案是：机器智能的研究者必须得向业已存在的自然智能即人类智能与动物智能学习，由此寻找到突破的灵感。

一　如何向自然智能学习？

在大众网络媒体中我们常常听到这样的评论：某某公司宣传他们研制的人工智能系统已经达到了四岁或五岁儿童的智商水准。使这种说法具有意义的前提显然是：存在着某种横跨机器与人类智力的通用“智商”概念。因此，心理测量学对于人类智商

① 该图的制定根据，乃是主流人工智能杂志《人工智能杂志》（*The AI Journal*）所给出的行业内部分类方案。转引自J. Hernández-Orallo, *The Measure of All Minds*: *Evaluating Natural and Artificial Intelligence*（Cambridge: Cambridge University Press, 2017）.

的测算方式，也可以被运用到测量机器智商上。

笔者虽然对用现有的人类智商标准衡量人工智能产品的水准的做法持保留态度，却对某种更具有抽象意义的横跨机器与人类的“智商”概念保持开放态度。笔者的具体观点是：尽管针对人类智商的测量方式具有针对人类而言的物种特异性，但只要我们小心甄别其中的内容，我们依然可以从中寻找到某种能够沿用到AGI研究之上的一般性因素。

那么，心理测量学研究中的哪些因素是“特异于物种”的，而哪些因素又是具有普遍意义的呢？按照笔者的浅见，心理测量学的典型手段，如“问卷调查”，显然是带有明显的物种特异性的，因为该方法显然只适用于作为“语言动物”的成年人类，而不能适用于不会说人话的动物，甚至是尚且不会说话的婴幼儿时期的人类。由此看来，在自然语言处理技术还没有完全成熟的今天，通过问卷调查来对机器智能进行测量，也是毫无意义的。但我们同样需要看到的是：心理测量学通过此类手段所要捕捉的心智能力要素，却很可能是具有横跨自然心智与机器心智的普遍意义的。举例来说，心理测量学的鼻祖弗朗西斯·高尔顿（Francis Galton）就认为知觉的速度是与智能的程度有着正相关关系的①。而从计算机科学的角度看，如果“知觉速度”是与传感器与相关支持软件的运作效率相关的话，那么，此类效率的提高当然就意味着系统智力的提高（当然是在其他条件保持不变的情况下）。而在笔者看来，上述从人类智能到机器智能的推理，也适用于心

① J. Hernández-Orallo, *The Measure of All Minds*：*Evaluating Natural and Artificial Intelligence*（Cambridge: Cambridge University Press, 2017）.

理学界对于各种“基本心理能力”的划分方案（见表 1）。

表 1 人类基本心智能力及其检测方法与对 AI 的推广意义[①]

人类基本心智能力名称	检测方法	对 AI 的推广意义
词汇能力	词汇填空测验	对自然语言处理研究有意义
空间辨向能力	对于空间关系的辨别测验	对机器人的“具身化”研究有意义
归纳推理能力	残缺的单词序列接续测验	对一般的机器推理研究有意义
流畅使用词汇能力	根据词汇规则回忆词汇的测验	对自然语言处理研究有意义
数字能力	加法测验	这是一般计算机最擅长的工作
联想能力	对于配对对象中未被明示的另一项的回忆测验	对一般的机器推理研究有意义
快速知觉能力	字母消除或是刺激比对测验	对自然语言处理研究有意义

① 该表的理论依据是瑟斯顿（Louis Leon Thurstone）的“基本心智能力理论”，转引自J. Hernández-Orallo, *The Measure of All Minds: Evaluating Natural and Artificial Intelligence*（Cambridge: Cambridge University Press, 2017）。笔者根据自己的理解，对原有的表格内容进行了增补（主要是添加了原表里没有的第三列内容）。

如果说表 1 因为过多地对应机器的“自然语言处理能力”而依然缺乏足够的普遍性的话，那么，一种更抽象的人类智力分类方案——卡特尔–霍恩–卡罗尔三层智力模型（Cattell–Horn–Carroll three stratum model）则将覆盖更为宽泛的机器智能的能力范围（见图 2 与表 2）。

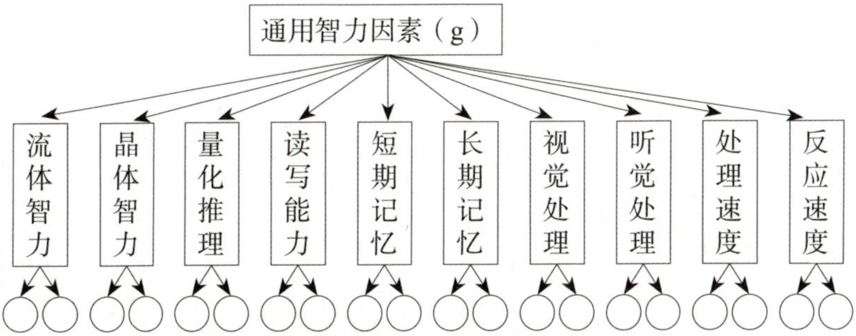

图 2　卡特尔–霍恩–卡罗尔三层智力模型
（底层智力项之内容在表中省略）[①]

表 2　卡特尔–霍恩–卡罗尔三层智力模型中的第二层与通用人工智能之间的关系

能力名称	与主流人工智能的关系	与通用人工智能的关系
流体智力	无法再现	研究重点
晶体智力	无法再现（牵涉到全局性性质的处理能力）	研究重点

① 此图汉译自J. Hernández–Orallo, *The Measure of All Minds*: *Evaluating Natural and Artificial Intelligence*（Cambridge: Cambridge University Press, 2017）。

续表

能力名称	与主流人工智能的关系	与通用人工智能的关系
量化推理	在“确定问题”领域内可以精确再现	非研究重点
读写能力	在“自然语言处理”领域内可被部分再现	研究重点
短期记忆	部分实现	结合“流体/晶体智力”来研究
长期记忆	部分实现	结合“流体/晶体智力”来研究
视觉处理	在“人工视觉”领域内部分实现	结合“流体/晶体智力”来研究
听觉处理	在“人工听觉”领域内部分实现	结合“流体/晶体智力”来研究
处理速度	在“确定问题”领域内已被实现	非研究重点，主要与硬件配置相关
反应速度	在“确定问题”领域内已被实现	结合“流体/晶体智力”来研究

但需要注意的是，即使我们能够依据表2，在人类的智力能力分类与机器的智力能力分类之间找到一种对应关系，这也并不意味着我们能够立即根据这个对应表造出具备AGI特征的机器。其道理也是很容易想到的：人类的智能是客观存在的，而心理测量学家只是试图对已经存在的事物的特性加以测量罢了。到目前为止，AGI仅仅是一个宏大的工作目标而已——因此，AGI专家不可能在造出AGI之前就去奢谈如何测量AGI的程度。或说得更哲学化一点，关于人类智能构成的研究，仅仅为尚未完成的

AGI 研究提供了相应的“范导性原则”而已（国际 AGI 学界对于这些“范导性原则”的脉络勾勒，参见图 3）。但这些范导性原则本身并不意味着切实可行的工作路线图，正如一个建筑的招标书本身并不包含建筑本身的施工图纸一样。

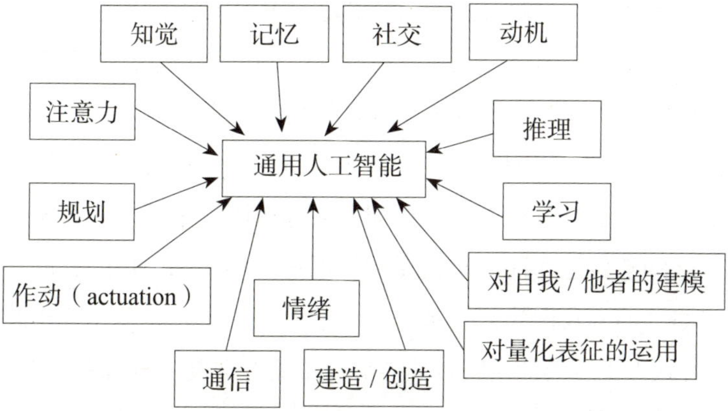

图 3　通用人工智能研究的子课题分布情况[①]

那么，我们又当如何从自然智能那里寻找到关于建造 AGI 机制的“施工图纸”，而不仅仅是像图 3 这样的“招标书”呢?

一个很容易想到的策略便是：心理学家所刻画的种种人类智力的分类形式，归根结底是由人类的神经系统所执行的。因此，只要我们对人类大脑的神经运作细节进行精确的描述，我们就可以从中抽象出一张精确的 AGI 工作图纸来。而时下方兴未艾的“类脑人工智能”（brain-inspired AI）研究路数，便是该思路的

① 参见S. Adams et al, “Mapping the Landscape of Human-Level Artificial General Intelligence,” *Ai Magazine*。

体现[①]。

不得不承认，与前面提到的深度学习的进路相比，类脑人工智能的研究思路的确更可取一些。虽然从字面上看，深度学习的前身——人工神经元网络也是基于对人类大脑的仿生学模拟的，但是在专业的神经科学家看来，传统的神经元网络也好，结构更为复杂的深度学习机制也罢，其对于人脑的模拟都是非常低级与局限的。与之相比，类脑人工智能的野心则要大得多，它们要对人脑的整体运行机制做出某种切实的研究，并将其转化为某种数学形式，使得计算机也能够按照“人脑蓝图”来运作。考虑到人类大脑的整体运作而不是局域神经网的某种低端运作能够以“神经回路”的方式向我们揭示出更多的关于人类智力整体运作的信息，类脑人工智能的研究显然能够比主流的深度学习研究减少“盲人摸象”的概率。

不过，基于以下理由，笔者依然认为类脑人工智能研究还是隐藏了不少风险的。

理由之一：人脑的运作机制非常复杂，譬如，关于人类大脑的海马区是如何处理记忆信息的，现在的神经科学家也无法打包票说我们目前得到的认识是基本准确的。换言之，脑科学研究投入大，前景不确定。在这种情况下，如果我们将AI研究的“鸡蛋”全部放在脑科学研究的“篮子”里，那么，AI研究自身的发展节奏也就将完全“受制于人”，而无法有效地分摊研究中的风险。

① 该研究规划的代表项目是由瑞士牵头的“蓝脑计划”（Blue Brain Project），其目的是将人类整个大脑的神经联结信息全部用一个完整的数据模型予以记录。

理由之二：目前对于神经回路的研究，占据了类脑人工智能研究者的主要注意力，因为对于神经回路的模拟似乎是相对容易入手的。但是我们很难保证某些神经细胞内部的活动不会对智能的产生起到关键性作用。而这一点也就使得类脑人工智能研究陷入了两难：如果不涉及这些亚神经细胞活动的话，那么人工智能研究或许就会错过某些关键性的大脑运作信息；但如果这些活动都成为模拟对象的话，那么由此带来的计算建模成本将会变得完全不可接受（因为单个神经细胞内部的生化活动所对应的数学复杂性，就可以与整个大脑的神经网络所对应的数学复杂性相提并论了[①]）。

理由之三：我们尚且不清楚“意识”（consciousness）的存在是否是智能活动得以展开的一个必要条件。但假设其存在的确构成这样的一个必要条件，那么由此引发的问题便是：我们依然缺乏一个关于“意识如何产生”的成熟的脑科学理论，因此，我们无法预报我们何时能够从关于人脑的意识学说中得到关于“机器意识”的建模思路。更麻烦的是，如果彭罗斯（Roger Penrose）的“量子大脑假设”[②]是对的，那么我们就必须从量子层面上重新思考意识的本质。对于类脑人工智能研究来说，这一方面会使得研究者去放弃建立在经典物理学构架上的传统图灵机计算模型，另一方面又会逼迫他们去思考“如何在与传统计算机不同的量子计算机的基础上去构建认知模型”这一艰难的话

① 玛格丽特·博登：《AI：人工智能的本质与未来》，孙诗惠译，中国人民大学出版社，2017。

② Roger Penrose, *Shadows of the Mind*: *A Search for the Missing Science of Consciousness*（New York: Oxford University Press, 1994）.

题[1]。这一切无疑会使得类脑人工智能的工作进度表越拉越长。

理由之四：即使人类目前已经掌握了大脑运作的基本概况，我们也无法保证由此得到的一张大脑运作蓝图可以被机器所实现。其背后的道理是：使得神经活动得以可能的底层生物化学活动具有一种与电脑运作所依赖的底层物理活动非常不同的物理学特征，而正是基于这种不同，科学界才将前者称为“湿件”（wetware），以便与后者所对应的“硬件”（hardware）相互区别。但麻烦也出在这里：我们都知道，高性能航空发动机的运作蓝图，一般都需要非常特殊的航空材料来加以“落实”，因为这些蓝图本身在某种意义上也已经透露了关于相关运作材料的性质的信息——与之相对比，我们又怎么能够期望关于大脑的运作蓝图，可以不包含对于特定生化信息的指涉，而可以被完全运用到硅基器材之上呢？

分析到这一步，读者可能会问：“既然简单地模拟我们的人脑并不是‘向自然智能学习’的法门，我们又有什么别的出路呢？”

① 笔者本人曾于2017年6月在美国加州圣迭戈召开的世界意识科学大会上与彭罗斯爵士当面交谈，向其讨教“量子计算机是否能够实现量子意识”这一问题。他本人则对这一问题给出了否定的回答，因为他认为量子计算机的运作依然需要经典计算机的运作提供某种基础。虽然笔者不敢肯定他的这个回答一定是正确的（因为据笔者所知，像“D-WAVE”这样的“退火量子计算机”在硬件构成上就与传统计算机非常不同），但笔者至少可以肯定的是即使关于大脑的量子意识理论是对的，也并不是任何意义上的量子物理学现象都可以引发意识（否则“意识”就本该是无处不在的）。因此，在量子计算机研究与对于量子意识的机器实现之间，应当还是存在着大量的理论空白需要填补的。

该问题的答案便是，我们必须学习胡塞尔的“想象力自由变更”的办法，对“智能”的本质进行直观认识。套用到本文的语境中去，该办法的具体操作步骤便是：对各种可能的智能类型进行展列，并以此为出发点对各种可能的智能形式进行想象，最终剔除关于智能的偶然性成分，找到智能的本质性要素。

提到“人类之外的自然智能”，或许很多人会马上联想到灵长类动物的智能。但考虑到人类与其他灵长类动物之间的类似性，出于“剔除人类智能实现方式中的偶然性因素”这一目的，我们最好还是在非灵长类动物中寻找智能活动的标记。譬如，我们在作为软体动物的章鱼那里找到了复杂的行为模式，尽管作为软体动物的章鱼具有与灵长类不同的神经系统（这种另类的神经系统使得章鱼可以在大脑与吸盘处分置记忆系统）；[①] 有些专家认为植物也可以具有“短期记忆”与“长期记忆”等心智功能，尽管植物是没有严格意义上的神经系统的；[②] 有些专家还认为细菌也可以体现出某种“群体智能”，譬如，通过信号传导蛋白质（而不是神经组织）的帮助，大量聚集的细菌可以解决一些复杂的计算机程序才能够解决的优化问题。[③]

① 对章鱼的行为与心智的研究，眼下已经成为西方学界的一个新热点。请参见：Peter Godfrey-Smith, *Other Minds: The Octopus and the Evolution of Intelligent Life*（London: William Collins, 2018）。

② 对于植物的“心智”的研究，请参见：Daniel Chamovitz, *What a Plant Knows: A Field Guide to the Senses*（New York: Scientific American/Farrar, Straus and Giroux, 2013）。

③ E. Ben-Jacob, “Learning from bacteria about natural information processing,” *Annals of the New York Academy of Sciences*, 1178（2009）: 78-90.

从上面列举的这些例子中，我们不难发现使得智能活动得以存在的偶然因素与本质性因素。神经系统的存在，恐怕就是可以被“约分”掉的偶然性因素，因为植物与细菌的智能都不依赖于其存在。特定智能行为对于遗传代码的依赖性，看来也必须被“约分”掉，因为关于章鱼的研究表明，章鱼的大量复杂的捕猎与逃逸行为都是后天习得的（换言之，遗传基因只能为章鱼获得复杂行为的潜力进行编码，而不能对具体的行为本身进行编码）。与之相比，不能被“约分”掉的本质性因素则包括：（1）如何面临环境的挑战并给出应战的模式；（2）如何在给出这种应战模式的同时能有效、经济地利用智能体所具有的资源。这也就是说，尽管自然智能的具体表现形式非常丰富多彩，但是其所具有的一般功能结构却是相对一致的。

不过，即使是这样的相对简单的对于“智能”的功能性界定，也足以对目前主流的 AI 研究构成某种严峻的批评。

批评之一：自然智能虽然是为了面对环境的挑战应运而生的，但对于这些环境挑战的种类与范围，则往往没有非常清晰的界定。举例来说，乌鸦肯定是在人类建立起城市之前就已经演化出了自己的神经系统，因此，其所面临的原始环境肯定是不包含城市的。但这并不妨碍日本东京的乌鸦成为一种高度适应城市环境的生物，并因此成为困扰东京市民的一类公害。这也就是说，即使是鸟类的自然智能，可能也都具有福多所说的那种处理“全局性”性质的能力，尽管我们尚且不知道其是如何获得这种能力的。与之相比，传统的 AI 系统（无论是传统符号 AI 还是深度学习，还是所谓的“遗传算法”[1]）却需要对系统所面对的环境或者是其所要处理的任务类型给出非常清楚的规定，并是那种不具备针对开放式环境的适应性的。

批评之二：自然智能往往采用相对经济的方式来对环境做出回应。譬如，我们很难设想一只猴子为了能够辨认出其母亲，需要像基于深度学习的人脸识别系统那样先经受海量的“猴脸”信息的轰炸，就像我们很难设想柯洁在获得能与“Alpha Go”一决高下的能力之前，需要像“Alpha Go”那样自我对弈几百万棋局。需要注意的是，尽管德国心理学家吉仁泽（Gerd Gigerenzer）曾在“节俭性理性”的名目下系统地研究过自然智能思维的这种经济性[2]，但至少可以肯定的是，“节俭性”并不是目前主流人工智能所具有的特性。相反，对于信息的过分榨取，已经使得当下的人工智能陷入了所谓的“探索－榨取两难”（the exploration-exploitation dilemma）。换言之，不去海量地剥削人类既有的知识，机器便无法表现出哪怕出于特定领域内的智能。但一旦机器剥削既有人类知识“上了瘾”，机器又无法在任何一个领域内进行新

① Gigerenzer，G. and Todd，P.，“and the ABC Research Group,” *Simple Heuristics That Make Us Smart*（Oxford：Oxford University Press, 2000）.

② 在所谓的“遗传算法”中，程序员必须对程序所面对的问题求解环境预先进行刻画，并确定程序的所有“基因型”与“表现型”。这种做法依然是比较僵化的，无法满足AGI的要求。关于“遗传算法”的详细评论，请参见《心智、语言和机器——维特根斯坦哲学与人工智能科学的对话》，人民出版社，2013年。

的探索。[1]与之相比，相对高级的自然智能却都具备在不过分剥削既有知识的前提下进行创新的能力，比如少年司马光在“司马光砸缸”这一案例中所展现出的创新能力。

综合本节的讨论来看，向自然智能借脑固然是未来AGI发展的必经之路，但如何确定我们所需要模拟的自然智能的“知识层次”，则是在相关研究展开前需要率先回答的问题。与类脑人工智能研究者对于大脑具体神经细节的聚焦不同，笔者主张通过“想象力自由变更”的办法，对智能活动的本质——有机体对于开放式环境的节俭式应答进行抽象，由此获得对于AGI的一些更富操作性的指导意见。至于如何将这些意见落实到具体的AGI研究工作之中去，笔者另有文章对此给出更富有技术细节的介绍，在此就不再赘述了。[2]

二 再谈“强人工智能”与“超级人工智能”

本文既有的讨论，其实已经足以澄清这么一个观点：既有的专用人工智能之路，并不能真正通向AGI，因为后者对于智能活动本质的涉及，并不是前者的题中应有之义。而对于有些读者来说，这样的澄清似乎还漏掉了两个被媒体广泛炒作的概念：一个是“强人工智能”（Strong AI），一个是“超级人工智能”（Artificial

① J. Hernández-Orallo, *The Measure of All Minds*: *Evaluating Natural and Artificial Intelligence* (Cambridge: Cambridge University Press, 2017).

② 参见徐英瑾：《心智、语言和机器——维特根斯坦哲学与人工智能科学的对话》，人民出版社，2013。

Superintelligence)。那么，AGI 与它们之间又是什么样的关系呢？

首先，可以肯定的是，强 AI 既不是 AGI 的对立面，也不是其同义词。与强 AI 对应的概念是“弱 AI”（Weak AI），而弱 AI 也既非专用 AI 的对立面，亦非其同义词（尽管二者外延上有高度重合）。说得更清楚一点，弱 AI 指的是计算机对于自然智能的模拟，而强 AI 指的是计算机在上述模拟的基础上对于真实心智的获得，二者之间的区分，牵涉到的是“虚拟心灵”与“真实心灵”之间的区别。① 与之相比，专用 AI 与 AGI 之间的区分则是 AI 系统自身运用范围宽窄之间的区别。因此，从概念的外延角度上看，一个 AGI 系统或许可能是弱 AI，也可以是强 AI（因为一个达到 AGI 标准的系统是否能够配得上“真实心灵”，依然是一个有待讨论的心灵哲学话题），而专用 AI 系统则只可能是弱 AI（因为“真实心灵”肯定是具有跨领域的问题处理能力的）。这几个概念的关系，可以通过图 4 进行概括。

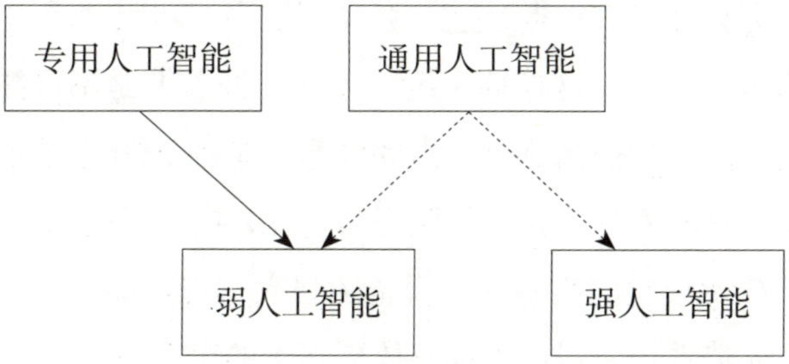

图 4　关于专用人工智能、通用人工智能、弱人工智能与强人工智能四者关系的概括（图中实线表示“从属关系”，虚线表示“可能的从属关系”）

① 强、弱AI区分的根据可参见下述文献：John Searle, “Minds, Brains, and Programs,” *Behavioral and Brain Sciences* 3（1980）。

再来看“超级AI”这个概念。笔者个人认为这是一个非常含糊的概念，因为“超级”本身的含义就非常含糊。如果就AI系统在单项能力上对人类的超越的话，那么现在的“Alpha Go”就已经是这样的超级AI了。但如果“超级AI”指的是某种能够比人类更为灵活地统调各种能力与知识领域的AI系统，那么很显然这样的系统还没有出现。即使存在着这样的系统，如何界定“超级”二字的真正含义，依然是一个值得商榷的问题。正如前面我已经指出，任何智能体都无法不在尽量节俭地使用资源的前提下，对开放环境中存在的挑战进行“无所顾忌”的回应。因此，即使是所谓的“超级AI”，也不可能在其运作中无限地挥霍其运算资源，并要求无限的前设知识作为其推理前提。换言之，这样的系统依然是与我们人类一样的“有限的存在者”，并与我们人类一样具有某种终极的脆弱性。

不过，如果我们将“超级”的门槛降低，并在“比人类稍微更灵活、更具创造性一点”这一意义上使用“超级AI”这个字眼的话，那么，制造出这样的系统，并非在概念上是不可能的。说得更具体一点，我们当然可以由此设想：某种AGI系统能够以一种比人类更具效率的方式进行联想与类比，找到问题的求解方略，而这种系统所接驳的某些外围设备的强大物理功能，显然也能够使得整个人造系统获得比人类整体更强大的决策与执行能力。

那么，这样的一种超级AGI系统，是否能够对人类的文明构成威胁呢？对于该问题，笔者暂且保持开放的态度。不过，正如本讲所反复说明的，即使有一天这样的AGI系统问世了，其技术路径会与主流的人工智能技术非常不同。而那种凭借主流人工智能技术的进展就大喊“奇点时刻即将到来”[1]的论调，依然是站不住脚的。换言之，虽然“AI 威胁论”并非永远会显得不合时宜，至少就目下的情况而言，高唱此论调的确显得有些杞人忧天。

① “奇点”在库兹威尔（Ray Kurzweil）这样的未来学家那里，特指人工智能技术能够颠覆性地改变整个人类文明的那个历史时刻点。但在笔者已知的范围内，在国际主流的科学哲学界与心灵哲学界，很少有人认真看待这种“奇点理论”。

认知科学与哲学的关系刍议

复旦大学哲学学院副教授

王球

导言：什么是哲学？

首先，我们来看一下为什么哲学家要讨论认知科学，或者说为什么认知科学需要哲学的参与，这就需要我们对哲学的观念有一些了解。我们知道不同的哲学流派、不同的哲学家，对哲学的定义大相径庭。国外有一个哲学类的公共节目叫作“the philosophy bites”，每一期节目主持人都会采访一位在哲学界的某一领域很有造诣的哲学家，在每期节目结束之前，问的最后一个问题就是“你认为什么是哲学”。不同的哲学家对这一问题的回答可谓是精彩纷呈，但许多回答都有一些共同的特征。

英国哲学家 A. C. 格雷林（A. C. Grayling）认为：“哲学旨在研究所有我们并不充分恰当了解的事情。当我们稍微触及一个或一组问题时，有些我们可以把它们留给特定的科学或社会科学（虽然这些自然和社会科学往往最终又回到哲学问题），但有些问题既模糊又无形，问题的本身又很可疑，我们往黑暗中窥探，却仍不太清楚我们的所作所为。这就是哲学，探究未知的事物。”

英国著名科学哲学家戴维·帕品纽（David Papineau）认为：“哲学是对最为困难的问题的深度思考。你可能会认为科学家也在做这些，但有某种问题，它的困难在于不管有多少经验证据都无法解决。这需要对于预设进行拆解，找出那些驱使我们如此思考但是我们却没有意识到的想法，而这就是哲学。”比如说，物理学中量子力学里的多重宇宙是真实存在的吗？这个问题不仅仅是物理问题，还是哲学问题。

另一位哲学家沃尔特·辛诺特-阿姆斯壮（Walter Sinnott-Armstrong）认为：“哲学探寻一种融贯且被辩护的世界观。哲学家应该停止看那些只在我们生活角落的琐碎小事，而应当试着去看看事物是如何整合起来的：心理学如何与哲学整合，心智或心灵（mind）如何与身体整合，美的价值如何和经济价值以及正义有关。这些都是大问题。我们如何整合生活中的不同面向？这是哲学应该要处理的问题。”我们举个心理学方面的例子，比如爱情是什么呢？或许心理学家可能会表示，爱情是我们大脑多巴胺的分泌，但这真的是爱情吗？这与我们依据常识所认为的爱情可不一样的，这就需要我们把关于爱情的科学说法和哲学说法这些不同的面向整合起来。再比如说，心灵与身体如何整合起来？我们的传统观念认为，心灵这种东西是无形的，不在时空中存在，心灵的本质是一种“思考的东西”，但身体这种东西是在时空中占据位置的，问题在于，这两者是如何整合起来的？

总结以上三位哲学家对哲学的基本看法，我们可以发现：有些问题既模糊又无形，问题本身又很可疑；有些问题不管有多少经验证据都无法解决，这需要拆解问题的预设；有些问题应当试着去看看不同的事物，比如价值的和伦理的、正义的、经济学的问题如何整合起来，形成一个完整的世界观。这些想法恰恰与认知科学的某些特征存在映射、对应关系。认知科学恰好处理的就是这片幽暗地带的问题。它可能既模糊又无形，比如，什么叫认知？大脑是如何工作的？大脑这样的工作模式就是认知吗？等等。认知科学的基础理论恰好也是哲学探索的重要内容，认知科学的新成果、新发现刷新了哲学的观念，尤其是从柏拉图、亚里士多德到中世纪笛卡儿的传统观念。同样这些新成果、新发现也激发了当今哲学家不断地做出回应。所以在这个意义上来讲，认知科学与哲学有密切的关系。

认知科学是20世纪50年代产生的一个多学科交叉的领域，它并不指称一个特定的学科。比如现在不少大学都打算开设人工智能系，在这个系里可能会有数学家、科学家、微电子专家来担任任课老师。认知科学的综合性也很强，涵盖的传统学科范围比人工智能还要广。它大致包括了哲学、心理学、人工智能、人类学、神经科学、语言学六大分支。整个认知科学作为一个跨学科的矩阵，主要研究的问题就是智能（intelligence）或心灵的本质是什么。智能是怎么来的，是怎么工作的？心灵的本质是什么，它又是如何工作的？这些都是大问题。我们也可以将其拆解为许多子问题，这些子问题恰恰也都是哲学问题。比如，认知科学可能也会追问，我们的知识是从哪里来的？语言能力是先天具备的还是后天习得的？如果是先天的，是基因编码好的，还是其他的后天因素形成的？比如小孩学说话，一开始咿咿呀呀很难明白在表达什么。到了两三岁时会有个语言爆发期，突然会说很多话，连父母都感到很惊讶，有些话之前并没有教过他，这是怎么回事？大部分人也都没系统地学过汉语语法，我们关于汉语的语法知识又是怎么来的？再比如，教小朋友学几何学，只需要教一些简单的基本公理，如果教学方法得当，小朋友可以根据很少的几条公理，推出许多的几何学知识——好像这些知识是他们天生就有的。另一方面，直觉上我们又认为，许多知识确实是需要后天学习才能得来。认知科学也会反思这些问题，知识从何而来？智能倚重于天赋还是后天的训练？比如认知科学也会追问，思考（think）和推理（reason）的本质是什么？思考是某种符号的表征计算过程吗？还是说思考是通过我们的感官知觉经验，从世界中收集到一些数据信息进行某种意义上的“深度学习”，进而通过这种深度学习架构获得推理的能力？这也是认知科学亟待探索的问题。

现在关于人工智能是不是真的有心灵，还存在着一些疑问。但毫无疑问的是，人有心灵，有些动物似乎也有，所以心灵并不是人类独有的，因此还有一些问题会涉及人类的独特性。我们同样会从直觉和文化传统出发，认为人的心灵会有一些特征，如自由意志、自我意识、理性能力等。那动物有自由意志、自我意识和理性能力吗？如果没有，其原因是什么？仅仅是大脑容量更大吗？另外，也许人类学家、语言学家会继续追问，在我们人类这个物种内部，思考能力、推理能力、知觉能力、数学能力、语言能力都是一样的吗？在非洲大陆或南美洲亚马孙丛林里，有没有哪个部落的族群，他们的认知表现与生活在城市里的人很不一样呢？这些问题不仅需要人类学家去做田野调查，还要他们对这些调查报告本身进行反思。

还有传统的身心问题，也就是心灵和包括大脑在内的物质性的身体关系是什么。按照传统的理解，心灵是无形的、不在时空中存在的，而身体却是在时空中存在的。两者属于不同的实体，那么两者之间是如何互动的呢？如何能够配合得如此协调？只要我的身体受到一些外部刺激，比如我的手被火给灼伤了，我的心灵也可以感受到被火灼伤的这种疼痛。那是不是可以说，假如没有肉身的话，也有一种灵魂式的东西存在呢？举个例子，牙疼是一种心理状态，你会觉得这个疼痛发生在牙齿上，但是有些疼痛并不发生在身体的哪个部位，比如幻肢疼痛。这是一种原因不明的神经病理性疼痛，一些患者在截肢后，感觉肢体仍然在，而且还伴随着疼痛的感知。我们在一些科幻作品中，也会看到人的意识可以上传到计算机中的情景。看起来我们的心灵似乎是不需要依赖于大脑而存在，只需要依赖于算法或特定的功能组合就可以实现。

还有许多有趣且具体的问题。比如我们的心灵架构是什么？心灵是分布式的还是由某种所谓的“中央处理器”集中处理的？心灵的不同领域，例如知觉、推理、情绪这些方面都分享同样的工作原理吗？我们知道我们有许多的感官知觉能力，视觉、听觉、触觉、嗅觉、身体的平衡感等，这样的一些感官知觉能力，它们之间是如何协调互动的呢？它们与我们更加抽象化、更加概念化的认知能力是如何协调起来的呢？我们生活在世界中，感知、认知、行动、情绪这些方面如何统一协调工作，这也是认知科学要探讨的问题。

以上只是给大家举一些例子，引发大家的后续思考。不过在今天，我们主要讲三个话题：第一个话题是“常识心理学”的本质与“思想语言”假说。稍后我会解释什么是“常识心理学”，什么是“思想语言”假说。第二个话题对大家来说有点新鲜，是最近二三十年提出来的说法，那就是“具身认知”与“延展认知”假说。这些假说是什么意思？它们是如何提出来的？一会儿我会介绍一下。第三个话题更加新鲜。最近十多年来，越来越多的神经科学家相信，我们大脑的工作模式，可能不是被动地接受世界输入进来的感知信号，而是我们的心灵主动地进行预测，对周遭环境实际的情况究竟是什么样子进行某种概率论式的猜想，这些预测信号与感官知觉接收到的信号进行对比，整个大脑的终极工作目标，就是要对预测误差做出最小化的处理。这就是心智的预测加工模型理论，这一理论很简洁，但具有革命性，而且可以统合认知科学里的许多方面。

一 常识心理学与思想语言

我们先来看看常识心理学跟思想语言的话题。所谓的常识心理学其实非常简单，它不是什么难懂的科学心理学理论。你去书店，在心理学门类的书架上你会看到很多的分支类别，比如发展心理学（developmental psychology）、实验心理学（experimental psychology）、认知心理学（experimental psychology），甚至变态心理学（abnormal psychology），等等，但你找不到一本书叫常识心理学（folk psychology）。因为常识心理学就是我们的常识和直觉，它不是学校里教给你的科学理论，而是我们每个人天生自带的那套朴素的心理学常识。这套心理学常识承认我们每个人心中都拥有信念、愿望、意图等心理状态。

所谓的信念就是我们相信什么。比如，我认为今天天气有点潮湿，那就是我拥有一个“今天天气潮湿”的信念。这个意义上的信念，与我们平时强调的类似于“要有坚定的建设祖国的信念”还不是一回事。后者翻译成英语，对应的词可能是“faith”，但这里讲的是“belief”——我们的思想。比如，“我相信桌子上有一杯水”，这就是我拥有了一个关于桌子上有一杯水的信念。同样我们会有一些愿望（desire），比如说“我想要喝水”，因此我就拥有了一个想要喝水的愿望。它非常地朴素，非常地简单。我们过去会认为，信念、愿望加上意图（Belief-Desire-Intention，BDI），是引发我们行动的原因或者理由。比如，你看到张三在教室上自习，突然离开座位跑出门去。你一定会认为张三的举动一定是有理由的，比如他相信自己的手机震动了，他有一个“手机来电话”的信念状态。他也有一个愿望，比如他想要接听这个来电，因此他有一个“想要接听电话”的愿望状态。这个信念加上那个愿望，引发了他的行动。你能大致像这样去解释他人和自己的行为，那么就拥有了常识心理学。我可以再举个例子，比如《三国演义》中，刘备三顾茅庐，他最后一次去拜访诸葛亮时有一段话：

> 三人来到庄前叩门，童子开门出问。
>
> 玄德曰：“有劳仙童转报：刘备专来拜见先生。”
>
> 童子曰：“今日先生虽在家，但今在草堂上昼寝未醒。”
>
> 玄德曰：“既如此，且休通报。”
>
> 吩咐关、张二人，只在门首等着。玄德徐步而入……

这里面其实就有一个常识心理学模型在运作。首先刘备有个信念，他相信诸葛亮正在睡觉，因为童子告诉了他。同时刘备有个愿望，他想要一统天下。刘备还有个意图，他想请诸葛亮出山辅佐他一统天下。因此刘备继续在门口等，没有去打扰。

如果这些说法都没问题，现在问题就是，这套常识心理学是真的吗？哲学家经常会问："Is that real？"是不是真的？是实在的吗？我们的心灵中真的存在信念、愿望、意图这些类型的心理状态吗？如果是真实存在的，它们是什么东西？如果把大脑进行解剖，或者做个脑电波扫描，我们好像也找不到什么证据能够证明信念、愿望、意图在大脑哪些脑区存在。那么朴素的常识心理学观念，如何能够得到检验呢？这就涉及常识心理学本体论地位的问题。

（一）反对的声音："取消论"

所谓本体论地位，简单来讲，就是追问某个事物是否真实存在，以及它与其他存在着的事物之间的关系。在常识心理学问题上，有些科学家会提出反对的声音，这种反对的声音认为，我们的头脑中并没有信念、愿望、意图这些心理状态类型，我们头脑里面所拥有的，无非只有海量的神经元之间复杂的互动关联。这种观点叫作"取消论"（eliminativism）。所谓取消论，就是说在科学的发展历史中，有很多成功的理论能够解释很多事情，但是后来发现这些理论中某些核心的概念所指称的对象并不真的存在，因此那套理论其实并不是一个真实的理论，也就不具有一种实在论的地位，我们应该把它取消掉。

我们举两个例子，一个例子是在 18 到 19 世纪的西方，当时很多科学家都认为，"热"这个东西（比如今天天气热，这碗汤很热，这杯水很热），是物质中某种精细的流体，好像海绵中的水一样。他们也有所谓的科学理论去解释这种流动的实体，把那种东西叫作“热质”（caloric），它可以解释“热”如何从一个物体流向另一个物体，如何造成热量的扩散，等等。但是到了 19 世纪末，科学家又普遍认为“热”不是一种实体，而是分子运动产生的能量，按今天的说法叫分子平均动能。一方面，后者作为新理论，在解释和预测物体的热运动方面，比老的热质理论更好；另一方面，我们又不能够将热的流体跟运动能量相等同，所以科学家开始达成共识，认为不存在那种叫作“热质”的东西，于是“热质”就从我们关于“热”的解释理论中被剔除出去，这个概念在物理学理论中被取消了。

类似地，以前我们会认为在木块燃烧、金属生锈过程中，物质都释放了一种叫“燃素”（phlogiston）的东西。在木块的燃烧过程中，燃素是急速运动的，而在金属的生锈过程中，燃素的释放则相当缓慢。但是后来科学家发现在这些化学反应过程中，并不是失去了“燃素”，而是从空气中得到了氧元素。今天稍微有点化学常识的人都知道这就是氧化反应。所以“燃素说”是一个糟糕的理论，“燃素”这个概念也在化学理论那里被拿掉了、取消了。

常识心理学认为我们有信念、愿望、意图这样的一些心理状态；取消论则认为，这些常识心理学概念正等待着与“热质”“燃素”同样的命运，常识心理学是一套过时的朴素理论，它不是科学，应当被取消。取消论者相信，随着神经科学越来越成熟，我们将在一个按照科学的经验证据重新构造好的概念框架内，重新理解心理的内在状态和活动，这可能完全改变我们对他人行为以及私人内省的理解。如果所有人都接受并且熟练掌握了那种新的概念、新的理论，人类的相互理解将会得以深化。

举个例子，在科幻小说《三体》里，三体人之间的交流是不会说谎的，或者他们的交流方式很奇特，跟人类极其不一样。比如人类会这样猜测：我认为张三可能有点讨厌我了，我认为李四想要跟我交朋友。但这样猜来猜去，都是在运用常识心理学，我认为他相信怎么样，我认为他想要怎么样，那都是我对于其他人心理状态进行判断或者说进行“归赋”。但是假如在未来很多年后，常识心理学这套古老、朴素、被习以为常的理论被完全取消掉，取而代之的是用更加成熟的一套神经科学理论直接去描述我的大脑状态，并且通过一种特定的方式把我的大脑状态用神经科学的语言传送到另一个人的头脑当中，那这样我们之间完全就不需要猜来猜去，这个世界人与人之间就没有任何误解。能不能成为大同社会不知道，至少人们之间的信息交流就非常地顺畅。如果是这样，那么我作为老师在头脑里所掌握的知识——比如对认知科学哲学的把握——可能要比同学们稍微深入一点，那我就可以不需要用语言去讲给你听了，直接用特定的方式，把知识信号传输到大家的头脑当中就可以了。

当然，这只是取消论对理解未来的心灵状况的乐观设想。他们认为常识心理学都不是真正的、实在的东西。没有信念和愿望这种东西。取而代之的，是用认知科学、神经科学的那种科学语言去描述所谓的心灵——心灵不是真的有，那是我们自己以为的。真实存在的只有大脑的神经元和神经递质那些电化学反应。

（二）反对的声音：丹尼特的“意向立场”

针对常识心理学还有一种反对声音，这种反对的主张并没有强硬到要取消掉常识心理学，而是认为我们的常识心理学是有用的，但是这个“有用”并不意味着它就是真实存在的。这种观点叫作“意向立场”（intentional stance），是由美国当代著名哲学家丹尼特（Daniel Dennett）提出来的。

什么叫“意向立场”呢？我们反过来可以问这样一个问题，心灵哲学和认知科学都要去理解心灵的本质（the nature of mind）是什么，不过还有一个更基本的问题是：哪些东西拥有心灵？石头有心灵吗？草履虫、大熊猫有心灵吗？家里的中央空调有没有心灵？胎儿有没有心灵？有人马上会说，石头不可能有心灵；草履虫可能有那么一点点微弱的心灵；大熊猫是哺乳动物，它有大脑，可能有比较高级的心灵，但肯定不如我们的心灵那么好；空调不可能有心灵；胎儿只要发育健康，出生之后会成长为拥有完好心灵的人类个体……这样的说法大家直观上都不会反对，但是背后的理由是什么呢？也许我们大部分人都不一定清楚。所以丹尼特会这样告诉你：“我们可以不要去问哪些东西有心灵，而是要去问为什么我们会承认有些东西有心灵，而像石头这类东西却没有心灵。”

丹尼特认为，其实我们对世界万物的运动和变化的解释方式有三种类型或者说三种立场：一种类型是用物理学语言去描述发生在物理世界中的事件，这个事件的发生、发展和结果都完美符合物理规律——用这样的方式去解释这个事件，就是采纳了一种“物理立场”（physical stance）。比如，要解释窗户玻璃为什么会碎，你会说玻璃碎了，是因为玻璃主要是由石英这种物质构成的。它硬度高，但是韧性低，可形变的程度很小，所以被石头用力一砸就碎了。同样在打台球时，如果有人问为什么8号球进洞了，我会说很简单啊，因为刚刚白球撞击了8号球，所以8号球进洞了，而且撞击的位置和力度恰到好处。我们只需要通过最基本的物理学语言就可以描述8号球发生位移的事件。我们根本不需要解释，例如因为8号球有自己的想法，它想要进洞，这些解释我们都会觉得莫名其妙。

不过呢，用物理学语言并不方便去解释另外一些事情。比如说，家里空调坏了，为什么空调坏了呢？这个时候修空调的人，大概不会用微电子学层面（物理层面）上的概念去描述“空调为什么会坏掉”，只需要说是因为主板烧坏了，或者说空调散热器积了很多灰尘，被堵住了，导致无法散热、无法制冷。这样一讲你就明明白白了。在这种情况下，我们就是采纳了一种“设计立场”（design stance），引入了“功能”的概念，去解释空调的工作为什么发生这样那样的变化。

但是我们要描述其他一些事物的运动和变化，既不太能够用物理立场，也不太能够用功能立场去解释。那时候大概就需要运用一种“意向立场”（intentional stance）。比如说，我们对待他人以及绝大多数动物，就会天然地把这些对象看作是有意图、有想法、有欲望、会思考的行动者（agent）。我们使用意向立场来解释自己和他人的行为。所以常识心理学其实就是一种建立在意向立场基础之上的朴素理论。这是一种非常好用的策略，一种高效简单的、用以理解智能生命行为的思想工具。

我们可以设想，A同学问B同学："你最近怎么不理我了？"B回答说："因为（我相信）我发现你有几次偷看我手机，这让我怀疑你的道德品质。"这时候B就是在解释自己的行为，说出自己的想法和意图，就是提供了行为的理由。理由解释对于行为来说，通常而言是充分的，而且是必要的。设想假如这时候来了一位神神道道的神经科学家C，他监测了B的大脑，告诉A说，B之所以不理你，是因为他的大脑杏仁核发生了x反应，导致激活了前额叶皮层的y神经元……要是这样的话，此时无论是A还是B，都会觉得C说的话简直是驴唇不对马嘴。

所以总结一下，丹尼特认为，常识心理学的那些概念，诸如信念、愿望、意图，都是存在的。但它们只是在工具意义上存在的。就像货币这种东西，它虽然在物理实体上能够体现，但并不能被还原成纸、金属和塑料。货币本身就是真实存在的，不能被取消。或者像物体的质量重心，一枚炮弹在物理意义上不存在真正的重心，但是为了方便去测算它的运动轨迹，我们会赋予它一个重心。换句话说，丹尼特认为，大自然中的确存在着思维和意识这样的东西，但那不是大脑神经元层面上的东西，而是我们认为它有的东西。

（三）捍卫常识心理学：福多的"表征主义"

还有一种理论，是美国当代著名哲学家福多（Jerry Fodor）的想法，福多认为常识心理学是真实存在的，而且他捍卫这个立场的方式，就是为常识心理学提供一种符合认知科学话语的解释。对于"我相信P"这个命题，比如"我相信外面正在下雨"是有一个意向状态的，我对于外面在下雨这样的一个事态，放在一个语句里，就是“外面在下雨”这个命题，我对这个命题采纳了一种相信的命题态度。同样地，我可以怀疑外面在下雨，希望外面要下雨，等等。我们对某个命题、某个事态采纳的命题态度，也叫作意向状态。意向状态的内容，就是命题内容，可以通过那个命题表达。

福多提供了一种关于心智的表征理论，他认为这种意向状态就是有机体（认知主体）跟心理表征之间的一个计算关系。同样地，福多认为，S 拥有一个信念 P，就是 S 与 P 之间存在着某种特定的表征关系。我们相信某一个事态 P（例如“我相信外面在下雨”），也就意味着我与一个信念 P 之间存在着一种特定的表征计算关系。

那么什么是“表征”（representation）呢？所谓表征，是指在人类大脑或心智中，能够用来表示外在世界性质的内在物理配置（physical configuration）。它是连接大脑神经细胞与外在物质世界的中介。这些表征必须是符号式的，并且有语义和语法的组合结构。比如，上海的地铁图表征了上海地铁的各个线路，以及每一站之间的空间位置关系，虽然不是很精确，但是地铁图仍然表征了上海地铁的路线和站点。说个不太恰当的比喻，计算机要表征世界，计算机显示器上显示“狗”这个字，背后是有特定的句法结构的。它通过特定的算法，把二进制转换为“狗”这个字，显示在计算机屏幕上。类似地，当我们思考狗这样的事物，我们脑子里有“狗”这个概念，说出了“狗”或“dog”这样的词语，我们的大脑中也有某种类型的符号起到了表征世界中的狗的作用。可是这样的符号是什么东西？不可能也是“0101”这样的字符串吧？在我们心灵和世界之间，作为起到中介作用的表征，究竟是什么呢？

福多认为，起表征作用的是思想语言（language of thought/mentalese），它有语法结构和语义。思想语言假说认为，所谓思想语言并不是任何自然语言，而是人脑中直接作为思维媒介的语言，类似于计算机能够进行信息加工的机器语言。看到这个概念——“mentalese”，我们知道在英语里，“汉语”是“Chinese”；“日语”是“Japanese”，在“Japan”后面加“-ese”；那么“mentalese”就是“mental”这个词加“ese”，指的是人类心灵的普遍语言。但是福多认为，我们人脑不能直接加工自然语言。为什么是这样呢？其实计算机也不能直接加工自然语言，因为自然语言有声音或者形状，一定要说出来或者写出来，要刻在龟甲、石碑上面，写在纸上，需要特定的物质作为载体，而且自然语言本身又有歧义性、模糊性。比如有人告诉你“你等着”，这话究竟是什么意思？是在时间意义上慢慢等待呢，还是说他在威胁你？不过心灵所加工的那套语言，一定是非常精确的。福多认为，心智要表征世界不是通过某种图形、图像去表征的，我们不是用图像去思考的。也许动物思考世界可能是以图像的方式，它们未必有像人类这样的心理语言。而且思想语言拥有有限的词汇，每个词汇都是具体的一个心理表征个例（token）。尽管如此，它又可以生成无限的心理语句。例如你掌握了恰当的语法，还掌握了“老王”“想念”“爸爸”这三个概念，你就可以组合生成无限多的语句。比如“老王想念爸爸”“老王想念爸爸的爸爸”“爸爸想念老王”等等。

所以，如果说我们的思维表征的中介是一种图像的话，那就无法解释我们的思想具有生成性、组合性、可推理性等这样一些语言特征。综合很多考虑，福多认为，我们确确实实是可以表征这个世界的，我们拥有一套心理表征。这种心理表征是一种符号式的语言系统——思想和语言——体现的是一套符号信息的加工过程。我们拥有信念和愿望，也都是把这套思想语言作为中介来对世界进行表征，并且对它采纳特定的命题态度而已。

（四）来自脑科学的启发：联结主义或神经网络模型

认知科学里还有另外一个流派，那就是“联结主义或神经网络模型”（connectionism/ neural networks），它受到人们大脑结构与工作方式的启发。我们逐渐了解大脑是怎么工作的，颅骨内没有所谓的表征这种东西。大脑真正的工作都是由大量神经细胞构成的，每一个神经细胞都可以看作是一个简单的处理器。这些处理器去收集输入进来的一些电化学脉冲，输入的信号总量达到一定程度的时候，神经细胞就会产生动作电位，通过神经纤维把脉冲传递到神经纤维的分支和突触上。神经细胞之间并不是进行符号交换的过程，而是通过由神经细胞触发的频率产生的数值进行相互之间的联系。整个大脑有上百亿的神经细胞，它们之间千变万化的联结回路构成了我们丰富多彩的心灵。

所以，大致讲起来，联结主义有三个原则：第一，信号的处理是由基本单元进行；第二，处理单元和其他单元并行联结；第三，处理单元之间的联结具有不同的权重值。

这样一来，要是结合脑神经科学的证据，我们会发现福多的思想语言假说似乎在神经科学家看来是不对的，因为我们找不到神经科学上的对应物，而且思想语言假说和大脑神经元的工作方式完全不一样。如果我们的人类思考是一个线性的福多式的处理器，无法想象很多复杂的思维任务是如何完成的。很多深层的问题就会冒出来。

（五）“各打三十大板”：经典认知科学与联结主义

现在很多学者都相信，经典认知科学和联结主义各自都存在一些问题。经典认知科学就是福多的表征计算主义，它把常识心理学还原成为思想语言。这样的一种经典认知科学，其实是把认知当作是符号表征的计算过程，它假定认知过程就是对心理表征架构的符号操作过程，符号加工的方式依赖的是一种通用的逻辑规则，事实上这种观念继承了笛卡儿的思想遗产。笛卡儿认为，思想或灵魂是一个纯粹理性的、逻各斯中心主义的、抽象的、超越时空的事物；而我们的身体是一种物质性的、占据时空的、受物理规律支配的事物。这是一种身体与心智对立的二元关系，它背后也预设了人作为认知主体，世界作为被认知的客体对象，这两者之间是分裂的，是两个不同的领域。人需要通过表征或心理语言的加工，去认识这个外部世界。后来人们质疑这套宏观思想，真的存在绝对的主观和绝对的客观吗？主体和世界是分离的吗？20 世纪的哲学，甚至从 19 世纪尼采、叔本华开始，逐渐明确这套世界观——主观与客观的对立和分离——很可能是错的。

同样，联结主义也有自己的问题。比如福多和皮利辛（Zenon Pylyshyn）指出，心灵，尤其是思维的普遍结构，不可能是那种联结主义网络。因为心智具有系统性、生产性、构成性等特点，能形成既有句法又有语义的表征。这些都是联结主义所不能具有的。这里面还有一些进一步的争论，我们暂时打住，先把这些争论放一边，来看一些当代的新观点。

二 具身认知与延展认知

（一）具身认知：身体优先

今天越来越多的认知科学家包括哲学家，都开始抛弃那种自古希腊以来形成的观点。也就是在认知的作用上贬低身体的地位，但把灵魂、心灵、理性视为高级的、超越性的精神活动，而身体是灵魂的羁绊，是一种牵扯住灵魂超越性的对立面，是非理性的欲望的源泉。这种观念在今天越来越不吃香，看看后现代的文学艺术作品，都开始强调身体的重要性了，一切开始反着来了，跟古希腊的观点和启蒙时期的理性主义对着干了。认识科学也觉得身体很重要。新的认知观认为，我们的认知、思维、判断、情绪、推理不是各自为政，而是有某种一体化的整合，而且这种整合跟我们的身体、我们所处的环境以及行动任务紧密结合。这种认知观叫作具身认知（embodied cognition）。具身认知观认为，我们身体的物理属性和结构对心灵有直接的塑造作用。比如，蚂蚁的身体构造跟我们人类很不一样，与蛇也不一样，与章鱼也不一样，与蝙蝠也不一样。不同的物种身体构造不同，它们对世界的经验和认知也很不一样。认知和身体有着紧密的关联，如何拥有一个内在经验？这大概不仅仅取决于理性的、强调思维之上的心灵要素，还与自己的身体密不可分。我们来看看以下几个实验，从中发现一些有趣的结论。

实验一：心理学家把被试带到实验室里，给他们看一些卡通图片，然后让他们对卡通图片的搞笑程度进行打分。把这些被试分为两组，一组需要用嘴唇含住一支笔；另一组需要用牙齿咬住一支笔，而且不允许嘴唇碰到这支笔。实验发现，用牙齿咬住笔的人会认为其中一些卡通图片是好笑的；而用嘴唇含住笔的人会认为这些卡通图片没什么好笑的。这里我们发现，如果我们试着去笑，哪怕只是“强颜欢笑”牵引相关的面部肌肉，也可能让你变得更加开心，可能会让你认为有些事有趣生动；如果一个人被迫要求摆出一张“扑克脸”，可能心情也会因此受到影响。

实验二：想象一下，在这两种情形下男生甲遇见了女孩乙。第一种情形是在一个离水面很近并且非常宽敞、牢固的桥上，甲遇见乙。第二种情形是在一个离水面有 100 米高并且不断晃动的吊桥上，甲遇到了乙。你会认为哪一种情形，甲觉得乙更让他心动呢？也许你说，两种情形遇到的女孩乙是同一个人，所以没有什么区别。实际上第二种情形下甲会觉得乙美丽动人的程度，超过了第一种情形。为什么呢？因为在第二种情形下甲会紧张，肾上腺素分泌，手心冒汗，心跳加快，他的大脑会把这种身体机能的反应，归因给是这个女孩子乙让自己产生心动的感觉。我们身体的反应与我们的认知，以及情绪活动的变化有直接关联。

实验三：把被试分成两组，一组捧着热咖啡，另一组捧着冰咖啡。假如这个房间的温度都是 25 摄氏度，研究人员要求对一个想象中的中性人物的人格特征进行评估。结果发现，那些捧着热咖啡的人，会比捧着冰咖啡的人更有可能把这个想象中的中性人物评估为一个外向、热情、友好的人；而那些抱着冰咖啡的人会觉得这个人可能不怎么友好，比较冰冷。身体感知到的温度，影响到了我们的认知判断。而且在一个安全舒适的环境下，人们更加容易做出一些积极乐观的判断。因此如果你是公司的老板，有客户要来跟你谈项目合作，最好准备一个舒服的沙发让他坐着，而不是一把冰冷、硬邦邦的椅子。这些都是具身认知可以解释的一些有趣的案例，这些案例也得到神经科学证据的支持。

1. 神经科学的解释

在具身认知里，常常会提到一类特定的神经元，叫作“镜像神经元”（mirror neuron）。1996 年，意大利帕尔玛大学神经科学中心的加莱塞（Gallese）和里佐拉蒂（Rizzolatti）在实验中发现了镜像神经元，为具身认知提供了较为可靠的神经生物学证据。什么叫镜像神经元呢？顾名思义，这种神经元就像镜子一样，当你感知到其他人的身体行为变化时，某些镜像神经元可能也会被激活，好像自己也在做同样的行为。以猴子这种动物为例，如果你不给它一个苹果的话，它的某些镜像神经元可能是静止的状态；当它抓住一个苹果时，它的感官运动神经元就会被激活。同样，如果实验人员自己抓着一个苹果，并且拿着这个苹果给猴子看时，猴子这边跟抓取行为相关联的神经元也会被激活。

以此类推，当我们看 3D 电影或者 VR 的时候，我们身体会不自觉地扭动；当我们看到别人打针的时候，自己也会觉得疼；当我们看到别人打哈欠，自己也会不由自主地跟着打哈欠；当烟民看到别人抽烟时，自己也会忍不住地点上香烟……这正是因为镜像神经元的存在，有助于我们以共情的方式，理解对方的意图和想法，甚至有着情绪上的感同身受。所以，镜像神经元的发现能够证明我们的感知、认知和行为反应并不是各自独立运行的，而是彼此交织在一起的。我们的思维是一系列对真实世界、身体状态、行为的内部表征的一个模拟组合。

2. 隐喻与具身性

有一位叫乔治·莱考夫（George Lakoff）的认知语言学家对具身认知做出很大贡献。他从隐喻（metaphor）这种现象出发，去描述我们关于抽象概念的理解是具身性的。其实抽象的认知，本质上并不是超越身体的一套运算符号，而是身体跟世界互动的方式。对于多数人而言，过去他们会认为隐喻是比喻或者打比方，是一种诗意的想象或者修辞的技巧，是与我们平时正常说话不太一样的东西。莱考夫发现，隐喻在我们平时说话时几乎无处不在。我们用以思考和行动的概念系统本身就是隐喻性的，如果离开了隐喻，我们压根就没法思考和说话。

有人问莱考夫："大脑会通过身体来认知世界，你可不可以举个例子？"莱考夫说："你知道'前进''进步''向前看'这些词语都有积极的含义，但是你知道其中的原因吗？这其实缘于你的身体构造，你的眼睛能够看到的永远是前方的东西。"我们的眼睛总是长在前面，那么前方的东西都在一个可观察的范围内，这表明它是可控制的、可以掌握的，意味着安全、稳定、正常，因而赋予"前"积极的意义。而"后退""落后"和"拖后腿"就被赋予了一种消极的意义。我们能理解世界上各种抽象的概念，是因为我们的身体充当了最原始的老师，我们的身体在感知世界时常用的、具体的感知体验，逐渐升华、抽象成各种隐喻，以此去理解和表达抽象的观念。比如今天年轻人会把朋友叫作"老铁"。朋友帮了忙，你觉得他很靠谱，就说"老铁真给力"。这里的"老铁”和“给力”都是隐喻，都在表达抽象的事物和感受。

类似地，老师说：“《论语》里面有很多的微言大义，你看进去了吗？”《论语》并没有什么“里外”之分，里外是一个空间概念，但是我们会说“这话里面”“那文章里面”“这首诗里面”，这都是以身体为中心的隐喻例子。说“你看进去了吗”，事实上并没有看“进去”。从视觉的加工过程来看，我们看到是一个二维平面上的一些字而已，不存在看进去没看进去的问题，所以这也是一个身体的隐喻。有时候年轻人还会调侃说，“我想开了”“我自闭了”，等等，都是一些身体隐喻。我们去郊游爬山，会说“到山脚下等”“山腰有座庙”，但山并没有脚，也没有腰，都是我们通过自己身体的隐喻去映射目标对象，这个目标对象，比如山腰、山脚，并不是真实存在的。

所以，我们对于这个世界的抽象事物的理解，都跟身体相关。隐喻是一种思维工具，有了它，我们的思维才能有对现实世界的超越性。而这种超越性的实现离不开身体，离不开具身认知。

3. 环境的可供应性

具身认知还有一些特征：心灵在大脑当中，大脑在身体当中，身体构成了我们的认知，而且身体本身也是在环境和世界当中的，环境和世界为我们的行动提供了实质性的帮助——我们把它叫作“可供性”（affordance）。这一概念源于心理学家吉布森（James J. Gibson），指的是环境为行动提供了一些契机。可供性需要一种关联性。比如说，动物跟环境之间存在一个协作配合的关联。吉布森还认为，我们所有的感觉器官接受并处理的信息——视觉、听觉、味觉、嗅觉，等等，决定了我们的感知，引导了我们的行动，这里面没有表征的必要。有机体与环境之间，不存在任何表征性的、思想语言的中介。我们不是先去加工一些信息，然后用这些信息来表征环境。真实的情况是，环境直接给我们提供了认知的可能性和行动的可能性。同样的环境，对于不同的动物物种，甚至同一个动物物种的不同个体，它的可供性可以不一样。比如对于一只青蛙来说，一片亭亭玉立的荷叶就是一张理想的“桌子”或“大床”，可以在上面休息；但对于人类来说，你看到一片荷叶，不会觉得那是一个可以踩上去、躺上去的地方，除非那可能是热带植物王莲的巨大叶子。类似地，对于寄居蟹来说，一只形状合适的海螺壳对于它来说就是一个温暖的“家”，可以寄居其中；但对于乌鸦而言，海螺壳根本不具备让其栖居的可能，在行为上乌鸦面对一只海螺壳时，不会像寄居蟹那样立马做出试图钻进去的行为。对我们人类来说，看到一张坚实的椅子，不仅看到了椅子的形状和外观，而且还看到了“可以提供坐上去”的那种“坚实性”的性质特征。但走到一片沼泽湿地时，湿地表面软塌塌的外观，就给了我们不可以走上去的这样一种警示。所以说，行动有可能不是非要对感知信息进行二次加工才能促发的，行动和感知经验具有连续性，无法脱离于身体和环境独立存在。

（二）延展认知：疯狂的拓展

除了刚才讲的那种具身的认知观，其实还有一种更加疯狂的认知观念，这种观念叫作延展认知（extended cognition）。所谓延展认知，用一句话来说就是，用于帮助我们思考的工具——从纸笔、算盘到手机——都构成了我们心智本身的一部分。

帮助我们思考的工具有哪些呢？比如，我做一个五位数除以四位数的除法运算，仅靠脑子一时半会儿是很难算出来的，并且算出来也不一定对，最好还需要用纸和笔或者直接用计算器。同样，城里的成年人大概有 1000 多位联系人，这么多人的手机号，极少有人记得住，通常我们都把联系方式记在本子上或者存在手机通讯录里，因此我的本子、手机也是帮助我思考的工具。延展认知会认为，你的纸和笔、你的本子、你的智能手机，发挥了计算或记忆的功能，因此它们都成了你心灵的一部分。这样的观点叫作延展心灵（extended mind）。

要是外部世界的物体，一支笔、一张纸、一部手机。也能够帮助我们发挥像原始大脑一样的功能，那我们应该如何看待心灵呢？你可能会说，那些物体显然不属于心灵的一部分，因为它们不在大脑之中。然而心灵一定要在大脑里吗？刚才说到具身认知，心灵都可以延展到身体上，为什么不能进一步延展到身体之外的其他物件上呢？

这里举个安迪·克拉克（Andy Clark）的例子，他是延展心灵的提出者和倡导者之一。我们设想有两个人，一个是小王，一个是老王。小王年轻，记忆力好，想去上海当代艺术博物馆，只需搜索自己的记忆，就想起来这个博物馆位于苗江路 678 号，然后就开车到苗江路 678 号了。老王患有老年痴呆症，记忆力很差，总要随身携带一个记事本，不管去哪里，他都会在本子上写下所有他认为可能会用到的信息。由于他的记忆力很差，因此总是要不停地使用记事本来查看旧信息或者记录新信息。有一天老王也想去上海当代艺术博物馆，然后他知道这个记事本里面有地址信息，于是就在这个记事本上面查找博物馆在哪里，最终也到了这家博物馆。

我们可以思考一下，小王查询记忆或者老王查询记事本之前，他们在脑海中都不会有意识地浮现出“苗江路678号”这样一个地址信息。但是如果问起他们来，他们都会说知道博物馆在哪里，所以，老王和小王的记忆又有什么区别呢？这个时候，你可能会说，小王总是通过大脑想起这个地址，而老王不可能总是求助记事本，不可能把记事本带到澡堂里面，也不可能在暗处看清楚文字，所以说他们是不一样的。但是小王也不是总能想起地址的，比如小王在睡觉的时候、喝醉的时候，他就没法想起地址在哪里。所以小王和老王在做这件事上没什么区别。

至少克拉克会认为，小王的大脑记忆和老王的记事本记忆之间，并没有本质上的区别。他相信其实我们的心灵时常跟很多设备交织在一起，已经延展到了外部世界当中。也许你可能会反驳这个看法，认为这不是一个事实。但是克拉克不这么认为：既然我们与其他动物大脑的构造相差不大，那为什么与其他动物有如此大的差别呢？为什么我们难以制造出能和我们人类一样思考的机器人呢？为什么当我的手机和电脑丢失时，我会感到和突如其来的类似脑损伤般的忧心忡忡呢？克拉克认为，差别就在于人类有一种很强的能力，能够把技术和工具整合到我们的思维当中，整合到我们的意识当中。如果不会使用这些工具，我们就不可能发展成具有如此思考能力的物种。如果我们不理解这一点的话，只是因为我们一直被偏见所俘虏：“任何与我心灵相关的事情，必须完全取决于我的生物皮囊之中发生了什么，取决于皮肤与头骨的古老堡垒之内。”[1] 克拉克说，这是我们的一种偏见，我们需要抛弃这种偏见，接受我们的心灵并不仅仅局限在我们的颅骨或是身体当中，它延展到了整个世界当中。

克拉克认为老王的例子存在一个问题：只有在大脑没有正常运转的时候，心灵才会延展。而此时大脑其实是需要外部设备辅助的——记事本就像是认知方面的助听器。这反过来又意味着，一个人的心灵如果高度依赖于辅助设备，那他要么是一个病人，要么是一个在科幻小说中出现的罕见而奇怪的混合生物。

我们大概都会有这么一种观念：如果我的心灵延展在我的手机上，那可能是记忆不行，或者心灵有一些特定的缺陷。因此只有那些赛博格可以真正把心灵延展到外部世界当中。但事实上，克拉克很疯狂地认为，从本质上讲，我们每个人都是赛博格，都是人和外部设备混合为一体的存在者。没有外部的刺激，一个婴儿不可能学会听，也不可能学会看。在人的一生当中，大脑都是通过回应外部环境才能得到健康发育的。同样，我们任何一个把语言当作思考工具的人，其实都已经把外部设备整合进了他的内在自我当中。并且从这么一个内在自我出发，为了跟外界产生更多联系，可以把思维存储在不同的媒介当中，比如手机、记事本，甚至存放在他人的心灵当中。比如，我现在给你讲一个事情，你记住了，而我后来忘了，但是你可以帮助我回忆这件事情，这就意味着我的心灵已经延展到你那里去了。

克拉克认为我们的心灵是延展的，这是一种非常极端的说法，

---

① Andy Clark, *Natural-Born Cyborgs: Minds, Technologies, and the Future of Human Intelligence*（New York: Oxford University Press，2003）,p.5.

但也是很有意思，它是对于具身认知的进一步拓展。这里面也存在争议，比如有人认为也许记忆是延展的，认知是延展的，但意识感受不能延展到身体外部。许多哲学家目前还在争论这些有趣的话题。

三 新的进路：预测加工模型

刚才说了这么多关于认知科学的一些观念，可以看出，认知科学涵盖的范围特别广、跨度很大，这种离散的跨学科太过于碎片化，以至于难以形成统一的范式。最近十多年来有一种理论越来越受到重视，它不仅可以整合认知科学的全局，而且甚至在将来会引发哲学上的革命——这种理论就叫作“心智的预测加工进路”（the predictive processing approach of mind），简单来说就叫作“预测心智”（predictive mind）。说到底，我们的大脑就在做一件事情——预测。这个观点颠覆了我们过去的传统观念，也就是认为，大脑就是被动地对感知器官输入进来的信息进行加工。

这个关于心灵的新观点，其实有一个很深的哲学传统，这个传统来自康德。康德在《纯粹理性批判》里说过这样一段话：

> 如果直观必须依照对象的性状，那么我就看不出我们是如何能够先天地对对象有所认识。但是如果对象（作为感官的客体）必须依照我们直观能力的性状，那么我倒是完全可以想象这种可能性。

也就是说，在康德看来，不是我去认识一个客观的世界，而是我对这个世界提出一些直观的框架，然后以这样的框架去思考这个世界。

这样的一种预测心智，它要讲什么？恩格尔（Andreas K. Engel）有句话是这样讲的："经典的感知加工理论，就是把我们的大脑视为一种被动的、刺激驱动装置。"相反，最近兴起的这种研究进路，强调知觉的本质是建构式的，把视觉视为主动的、具有高度选择性的过程。有足够的证据表明，外在刺激的加工过程受到自上而下的控制影响，这种影响极大地塑造了丘脑皮层网络固有的动力学系统，并且对即将发生的感知事件不断地提出预测。

什么意思呢？简单来讲，就视觉这个事情，预测心智理论会认为，其实并不是有一个世界在我们外面，然后我们如实地看到了这个世界——好像是说我们有视觉表征，我们有心理表征，当我们看见一只狗，然后我心里面有对于这条狗的一种印象或者关于狗的心理语言，然后对这样的心理语言进行信息加工，就像计算机的那种操作一样。但实际上不是的。预测加工理论认为，我们的视觉其实是在推断事件，世界给定我们某些输入信号，与此同时，我们的大脑发出相应的预测信号，这些预测信号跟输入信号进行比对和匹配，最终要实现预测误差（prediction error）最小化。

以人类知觉为例，一个简单的例子有助于理解预测心智的优势。我们有过这样的体验：当火车进站停稳后，一度以为自己乘坐的火车再次出发了，实际上是相邻的火车朝相反的方向开动。然而当我们走路时眼睛盯着一棵树，却不会有"到底是树从视野前移动，还是视野从树上略过”的错觉体验。亥姆霍兹发现，当你用手指拨弄眼球从而引起眼球运动，视野中的物体看起来就好像从一边跳跃到另一边。但是为什么当我们以正常方式转动眼球看一个物体时，却没有这种体验呢？亥姆霍兹认为，自然状态下，在眼球移动之前大脑就已经有了相应的无意识的预判。大脑事先已将信号发送到引起眼睛移动的眼部肌肉上，这些信号能用来准确预测一个眼部动作发生时，我们的视觉经验大致将会产生怎样的变化，所以正常情况下我们不会有类似于火车倒开的错觉体验。对于这个观察事实，尽管亥姆霍兹的解释在今天的神经科学家看来并不完美，然而大体上没有更好的其他假说（尤其是传统的计算表征主义假说）能够实质性地挫败它。

类似的案例还很多。例如当我身处人声嘈杂的酒吧，很容易把“网球”误听成“王球”（也就是笔者的名字）。或者“研表究明，汉字的序顺并不定一能影阅响读，比如当你看完这句话后，才发这现里的字全是都乱的”。或者在“双目竞争”实验中，当你的一只眼睛看到房子，而另一只眼睛看到人脸，你便无法同时看到两个图像。诉诸预测加工是关于这类事实最合理的解释，这种解释大体上承诺，外部世界的感知输入并不会如实呈现给主体。除此之外，从理论的简单性、解释范围的广度、解释方法的一致性，以及能否得到实证科学的支持等方面综合考量，关于心智的工作模式，预测加工比其他理论更胜一筹。另外，弗里斯顿（Karl Friston）关于有机体遵循“自由能（最小化）原理”（Free Energy Principle）的阐释，同样可以推导出心智系统的基本工作机制应当遵循预测加工原理。根据热力学第二定律，有机体的肉身大概率地将会处于死亡或功能失调的状态，然而进化将有机体“设计为”顽强存活、拒斥混乱或抵抗熵增的样态。有机体的肉身也相应地需要保持在一个容易预测的范围里。根据自由能原理，有机体要保持这个稳定的状态就得抑制自由能，也就是一种在信息论上等同于长线均值（long-term average）的预测误差。不妨说，生物学层面上的生存（survive）、物理学层面上的抵抗熵增、生理学层面上的保持内稳态、信息论层面上的抑制自由能（或降低惊异度），以及认知层面上的降低预测误差（优化模型适宜度），它们是一些不同的表达，但在我们的语境里，就实现层面上来说都是等价的。简单说就是，包括我们人类在内的动物，要想存活下去，必须根据内在的生成模型，以做预测的方式，通过降低预测误差来感知、表征和行动于世。

（一）大脑如何实现预测加工

那么大脑是怎么来做预测的呢？要使得“心智会做预测”这个论断更加可信，离不开回答“心智如何做预测”。很多人会觉得，在个体认知层面上，我们确实会有一些相关经验印证“心智会做预测”这个说法。比如过马路时你会预测行人前进的方向，或者在球场上你会预测进攻队员的下一个动作。要预测就得依赖既有的知识，例如行人通常不会走 Z 字形，或者当进攻队员观察到位置更好的队友时通常会传球。话虽这样说，然而本文讲的预测，几乎都是亚人格层面上大脑无意识的信息加工。为了便于理解，不妨看看现实生活中怎样才能理性地做预测，这就牵涉到“贝叶斯定理”。

设想你去新疆旅行，不幸迷失在一片酷热难耐的沙漠里，随身携带的淡水几乎饮尽。此刻你抬头望见天边有一片云，试问这

片云带来降雨的概率是多少？在这里，关于是否会下雨的预测很重要，因为它事关你能否赢得救援时间。这种情况下，你需要计算的是，给定“有云”这个证据前提下，“降雨”假说成立的概率，我们将此记作P（降雨|云）。根据贝叶斯公式P（H|E）=P（E|H）P（H）/P（E），你还需要知道：P（云朵|降雨），即沙漠下雨的那天出现云朵的概率，我们设之为80%；并且P（云），也就是沙漠中有云的概率，我们设为10%；以及P（降雨），若沙漠中一百天才下一次雨，其概率可设为1%。将这些概率值代入公式，可以计算出P(降雨|云)= 0.8 ×0.01/0.1，得出结果为8%。很可惜，此时你虽然看到有云，但降雨概率还是很低。同样很可惜，也许之前你也算错了。不过，尽管我们多数人并不擅长做贝叶斯推理，这并不妨碍我们的大脑可以无意识地以近似贝叶斯的方式在做预测加工。正如蚂蚁不懂“高斯分布”和“帕累托分布”，但不妨碍蚁群根据信息素来选择最佳行军路线。

大脑做贝叶斯推理，推理的是什么呢？之前已提到，亥姆霍兹的重大贡献是把知觉看作是溯因推理：我们接收到的感知信息是结果（证据E），需要利用它来推导外部世界的诱因（或关于这个诱因的假设H）。一方面，这种知觉的溯因推理通常不是一一对应的。譬如一只猫作为外部世界的诱因，可以导致主体接收到视觉信息（看到猫）、声音信息（听到猫叫）或触觉信息（摸到那只猫）等不同的感知输入结果。或者一个结果（看到猫）也可能是由别的诱因（一只真实的猫或一个猫形公仔）导致的。另一方面，感知系统的信息输入通常会携带情境信息或信息噪音，例如当一只猫躲在栅栏后面时，感知主体的视觉经验只是一些被栅栏分割成条块状的似猫（cat–like）的图像。这种情况下（以及其他一切情形下），由于大脑动用了内在模型当中既有的“先天知识”做预测，我们才能形成“那里有只猫”的知觉判断。有了这些准备，接下来还需追问三个问题：第一，为什么大脑会有内生的“先天知识”？第二，这些“先天知识”拥有怎样的架构？第三，整个预测加工过程是如何进行的？先看第一个问题。

有机体生活其中的世界虽有诸多的不确定性，但万事万物大体上不会突然发生剧变（自然的齐一性），总有大量稳定的规律可循——打雷下雨，虫鸣鸟啼，日升月落，冬去春来——这为大脑提供了建立内在模型的机会。这些模型基于物种的种系发生学历史以及个体成长史上既有的信息输入，对即将出现的知觉输入提出猜想或预测。一个简单的类比有助于理解这个意义上的模型与世界之间的关系。我们不妨将动物的身体视为一组适应器（adaptations），适应器与环境之所以形成了适应关系，正是因为身体所处的环境有着较为稳定的因果规律和变化节奏，进化过程将之塑造成与环境相匹配的样态。适应器的性状（phenotypes）反过来将自身身体约束在惊异度（surprisal）较小的环境当中，这便形成了某种意义上的预测关系。举例来说，成体树蛙四肢末端的吸盘是自然选择出来的适应器，吸盘的性状又约束了（同时作为预测）树蛙通常应该生活在树上——如果树蛙过多暴露在它并不熟悉的地面则是危险的。需要注意的是，在预测心智那里，心智模型当中的先天知识既非康德意义上的时空直观或知性范畴，也不能简单地视为概念化或命题式的真信念。本质上讲，这类先天知识是关于外部事物的概率密度分布，而模型自身可被视为概率函数。

但问题是，我们身处的自然环境和社会环境，充盈着种种时空尺度不一的复杂规律，如此多的规律如何能够“内化”到心智当中，这便需要回应问题二：是怎样的心智架构让大脑灵活地建立起关于世界的模型？如果诉诸计算表征主义进路，功能模块分区或许是解决方案。但该方案或许要设定概念化的表征属性，却难以刻画出预测属性。因此，这里的解决方案受益于预测编码（predictive coding）和人工神经网络模型层级化信息加工的启发，预测心智的架构是一套层级化的预测编码系统（hierarchical predictive coding system）。

先说预测编码，它本是一个数据压缩策略。例如在图像传输中，你要传输“一行白鹭上青天”的视频，只需对意料之外的特征进行编码即可。在这里，远山、青天是可预期、规律稳定的画面，一行白鹭的移动轨迹则是例外情形，这些例外情形通常也是图像的重要特征。真实值与预测值的偏离，可被量化为实际信号与预测信号之间的差异。这种通过预测编码检测预测误差的方式，在数据压缩时可以大大节约带宽，这便对应了信息论层面上的自由能原理。再看层级化加工。以视觉为例，得益于马尔（David Marr）将大脑视觉信息加工过程分为三个阶段，分别是二维基元图、二点五维要素图和三维模型图。从时空尺度上讲，三个阶段可由三个层级来表达。例如零交叉点、边缘端和透明度这类信息的时空尺度非常小，属于低阶层级；区域表面轮廓和初级景深信息，时空尺度相比而言略大，所属层级稍高；而以物体为中心坐标系的形状识别及其空间构造信息，则属于更高的层级。每个层级都有一些模型携带相应的先天知识，不同层级的先天知识可被视为关于不同时空尺度的规律的预设。越是空间上小尺度、瞬时变动的（variant）信息，抽象化程度就越低，负责对之加工的层级也越低；在时空尺度上相对较为恒定（invariant）、抽象化程度较高的信息，则由高阶层级负责加工。至于各层级之间的信息如何关联互动，整个预测过程如何进行，则构成了对第三个问题的回答。

首先，层级化架构的信息流大致有两种：自下而上的输入（前馈）和自上而下的预测（反馈）。当有机体的感知接收器采集了外部世界或自身身体的信号，信息流便会从低阶层级往高阶层级层层输送。我们将该信号视为贝叶斯公式里的证据 E，L1 层级输入进来的证据 E，会接受来自上一层级 L2 的预设 H1 的检验。作为检验结果的预测误差 E*，一方面可用以调整 L1 的预测模型（相当于后验概率对先验概率的修正）；另一方面 E* 倘若尚未被 H1“解释消除”（explained away）或最小化（minimized），则会进一步输送给上一个层级 L2，进而受到来自更高一个层级 L3 的预设 H2 的检验。依此行进，心智的信息加工过程，就是层级化的预测模型将预测误差降至最小化的过程。只有那些认知所期待的最有价值的“意外信息”，才能被我们知觉到。一些有趣的研究表明，这也是为什么我们无法给自己挠痒痒的原因，不过精神分裂症患者倒是更容易做到这一点。值得提醒的是，并非所有的双向动态交互的信息流都需要贯通全部的预测层级。譬如那些与知觉和行动不产生直接关联的离线认知（offline cognition），就是自上而下的预测信息没能输送到最低阶层级引发的效果。

其次，上述过程是理想化的刻画。既然感知信号所表达的是外部世界的隐藏诱因，但世界的因果网络内部不仅有复杂的互动，作为隐藏诱因的感知信息还伴随着信息噪声以及不确定性，它们一同被感知系统所采样。若要使得这些信息所揭示的隐藏诱因足够凸显，层级化的预测加工系统还需要对概率分布的精度进行二阶预期。这便是“预期精度”（expected precision）的过程。它对自上而下的预设 H 和自下而上的感知输入 E（包括预测误差 E*）同样起作用。举例而言，当你住在自己家里需要起夜时，不用开灯就能顺利绕过障碍物。在这种情况下，由于光照条件非常差，感知信息 E 的预测精度很低，但你对家里的空间布局非常熟悉，因而相关预设 H 的预期精度就很高。相反，如果当你住进一间陌生的酒店，夜里要上洗手间，通过打开夜灯来提高感知信息 E 的预测精度，而不是让大脑盲目猜测房间的空间布局，则是避免磕碰的最好办法。

最后，以上两点都是以静态的视角来说明的，然而预测误差最小化的过程不仅需要大脑的参与，具备行动能力的身体也扮演了重要角色。如果说知觉是溯因推理，那么这样的推理是被动的。有了行动的介入，这种推理还能以“积极推理”（active inference）或“预测控制”（predictive control）的方式来实现。举例来说，当你在黄昏的暮色下，似是而非地看到远处草丛里有一只猫。此刻你的视觉感知信号 E 的预期精度并不高（光照不良），但是你的预设 H 或许也不太确定，譬如你不太肯定在这个小区的草丛里会有猫出现。为了消除这个预测误差，你还可以选择通过移动身体走近那片草丛一探究竟。这个身体运动过程，可被视为你的感知接收器对原有的感知信息 E 进行重新采样。采样到预期精度更高的新的信息样本 E'，同样也是降低预测误差的有效方式。甚至更准确地说，与行动产生关联的是身体的本体感觉（proprioception）信号，精确的本体感觉预测会直接引发行动，因此可以将行动视为一种“自我实现的预言”：神经回路会预测系统选择的行动所对应的感知后果，然而系统并不能直接得到这些感知后果，因此就产生了预测误差。要消除这些误差，系统就必须移动身体从而产生符合预测的感知序列。譬如你之所以在口渴时会实施一个拿起杯子喝水的行动，是因为大脑关于身体的内感知有一诸如“体内水分平衡”的预期（expectation），同时你的本体感知得到的信号则是血液的晶体渗透压和血容量方面显示“体内水分不足”的预测误差，这就触发了感知运动系统通过喝水的行动来消除这个预测误差。

（二）预测加工理论的意义

相比起原来的被动加工的认知观，预测加工理论可以统一解释很多心理现象。我们会有类似这样的经验：晚上你想要起来去洗手间，或者起来要喝水，但又不想把灯打开。由于你对房间的结构布局非常熟悉，你可以闭着眼睛从房间走到洗手间。为什么能做到?其实正是因为我们对这个房间的布局的预测信号精度非常高，不需要通过外在的感知信号输入就可以很好地完成这个任务。

再比如说，预测加工理论对一些精神疾病案例，比如妄想症和自闭症，也能够做出不同于以往的解释。简单来说，妄想症患者的大脑，往往不“信任”来自外部世界输入的信号，因而不得不依赖于高阶层级的预测信号。对于外部世界是什么样的判断，更多的时候需要极大地依赖自己的设想和先前的信念，所以患者可能很多时候不去关注世界中实际情况是怎样的，而只是靠自己脑子里面想的东西对这个世界做出解释。自闭症恰恰相反，自闭症患者的大脑太“信赖”外部世界给他的信号，判断这套信号的预测偏差有极高的精确性，因此无须“依赖”自己的高阶预设。所以自闭症患者在日常生活中的表现方式，往往会更加依赖来自世界的细节信息。这些信息往往还是去语境化的东西，与几何学、算数密切相关。大家可以去看看《雨人》这部电影，就明白我说的意思。这些都是可以通过预测加工模型来解释的。

预测加工模型可能会激发哲学家去重新理解感知、知觉、认知、行动、概念、信念等一系列认知科学哲学的基本范畴。他们可能会认为这些东西都是具有连续性的，是可以在层级化的、预测误差最小化的贝叶斯加工系统的模型当中得到安置的，它们之间并没有实质性的区别。

但是在过去，比如洛克、休谟等哲学家会认为，感官感觉到的东西就是印象，思维就是观念。印象是鲜活的、更生动的；而观念是抽象的、概念性的、模糊的，二者的区分像楚河汉界一样。但是如果放在预测误差最小化的这套认知加工的理论系统里面，这些东西可能具有一种连续性。它们都是大脑对这个世界进行解释、进行预测误差最小化的过程中所生成的一些副产品而已。

结 语

我们今天讲了三个话题，一个是介绍常识心理学是什么，它究竟是不是实在的，它是不是一套心理表征系统。第二个话题介绍了一种认知观念：具身认知认为可能没有这套表征，我们的认知更多的时候是和环境和身体紧密结合在一起的，甚至我们的认知都已经弥散到世界当中。第三个话题介绍了心灵工作模式的新进展——预测加工。这种新的观点认为认知其实就是一套大脑对接收的信号做预测，并且把这个预测产生的误差降到最小化这样的一套过程。

无论如何我们可以看到，就像开始时所讲的，“哲学的定义是什么”，哲学旨在研究我们并不充分恰当了解的事物。当我们稍微接触一个或者一组问题时，有些我们可以把它留给特殊科学或者社会科学——虽然这些自然科学和社会科学往往最终又回到哲学问题——但有些问题既模糊又无形，问题本身又很可疑，我们往黑暗中窥探，仍不太清楚我们的所作所为。这就是哲学，探讨一些未知的事物。但是这并不是说我们永远在未知当中迷失了方向，毕竟我们有一些不同的理论，彼此之间也在相互竞争，这仍然是人类理性的伟大进步。我们对世界了解更深了，对人类自身的心灵也了解更多了。尽管在很多地方还有争议，但是回答这些问题的方式，已经逐渐在走出幽暗。

◆师生问答◆

学生提问：

请问具身认知和现象学，特别是梅洛-庞蒂的身体现象学的关系是什么？机器AI有可能产生现象性的知觉吗？

老师回答：

梅洛-庞蒂的身体现象学是整个具身认知当中非常重要的思想资源。梅洛-庞蒂当然也会强调，像盲人看不见这个世界，所以就没有视觉表征，但他也会通过手杖探索环境的状况，因此手杖其实就是盲人眼睛的替代物，或者说盲人的“视觉”延伸到手杖上面。盲人对环境的感知并不需要依赖特定的例如视觉加工的感官知觉方式，而是可以弥散在身体和环境当中的。

具身认知跟梅洛-庞蒂身体现象学的基本观念是一脉相承的。但是梅洛-庞蒂要做的是现象学，现象学家一开始是要对外部世界悬搁的，但认知科学仍然会谈论世界。比如说我们刚才提到的表征主义。它默认存在一个外部世界，有独立于心灵的外在客观对象，而且这个世界可以被我们的思想语言（以对世界进行表征的其他符号系统）表征出来，在我们的心灵当中得以呈现和加工。但是在预测加工进路中，有的人会认为，世界到底是怎么样的，我们的大脑其实并不知道，一些预测加工理论可能会走向康德的“物自体假说”。相比之下，我觉得身体现象学不太在乎这些问题。

第二个问题问的是，AI有可能产生现象性的知觉经验吗？所谓“现象性的知觉”，就是说当我看到红色的时候，我会对红色有种体验，这种体验和我看到绿色的体验是不一样的，哲学家管它叫作“现象意识”（phenomenon consciousness）。像我们感受到疼痛，你挠我的时候，我感到痒，这种“痒”和“疼痛”主观感受都是现象性的，都是有一种“感觉起来像什么样”（what-it-is-likeness）这种鲜活的感受质（qualia）在里面。

但是我相信机器人不太可能做到这一点。这里面涉及心灵的形而上学，尤其是功能主义多重可实现性的问题。机器人AI无论如何不是我们这套肉身，它无非是一套机器部件、微电子元件的组合。要达到现象意识，我自己的观点是可能需要特定的物理材料，这套物理材料可能还真得是碳基的生命。这背后的理由有很多，因为时间关系不能展开去讲了。

学生提问：

请问如何看待“缸中之脑”这样的怀疑论假说，有办法证明它的谬误吗？这样的怀疑论对认知科学有怎样的影响？

老师回答：

其实“缸中之脑”这样的假说，背后的预设就是笛卡儿式的或类似于笛卡儿主义的心灵和世界，认为心灵和身体是可以分离的。我们可以想象有这么一种场景：一个大脑泡在一堆营养液里面，大脑上插上一些电极，通过这些电极接口不断地往大脑输入一些信号（因为大脑无非是一套信息处理加工的装置）。输入信号之后，让大脑觉得自己身处在一个丰富多彩、跟我们现在所处的一模一样的世界当中，天地宇宙、桌子椅子、花草树木什么都有，甚至让大脑觉得自己有身体——但其实并不是如此。

“缸中之脑”这个思想实验提出来，主要是去追问“外部世界真实存在吗”这样的怀疑论问题。你得说服我，凭什么认为，你我现在不是处在“缸中之脑”的场景当中。我们今天主要讲的是认知科学的问题，知识论的怀疑论与认知科学当然有关系，可是知识论处理的毕竟是“什么是知识”，以及如何辩护外部世界是真实存在的，而不是电极输入给大脑的信号。

这种辩护有很多方式，有的方式不是一种一阶的辩护。比如说像维特根斯坦会产生“我有两只手”或者“桌子、椅子存在，世界存在”这样的命题，与一些其他普通命题（比如“复旦大学在上海”）不是同一个层面上的。“我有身体”“我有两只手”这样的命题更加基础，叫作“轴心命题”或者“枢纽命题”。就好像门需要有一个枢纽一样，你的门要开合，一定要有这个枢纽。类似地，其他一些命题，比如“外面在下雨”或者“桌子上有杯子”，这些命题的成真条件可能依赖这些更基本的枢纽命题。

学生提问：

刚才介绍了六个认知科学方面的相关领域，包括了哲学、心理学以及人工智能。人工智能的范围较哲学、心理学小很多，我想知道人工智能和人类心智有什么联系，为什么可以在六边形里面占据一席之地?

老师回答：

其实这个六边形是可变的，它不一定非得是六边形，无非是说要研究心灵（mind）和智能（intelligence）的本质，可能需要极大地借助于这些不同的学科一起想办法。这些学科有人类学、神经科学、心理学等。有些表述里面可能不叫 AI，而是叫“计算机科学”（computer science，CS）。人工智能本身也不是一个传统的学科，我们会说物理学是一个学科，化学是一个学科，生物学是一个学科。这意味着它们研究的对象有明确的、特定的领域，比如说物理学可能会比生物学、化学研究的层次更基础，物理学研究原子、亚原子层面，化学研究分子层面，生物学研究细胞层面，等等。但是像AI这样的一个学科，并没有说它研究哪个层面上的问题，它可能会涉及一些抽象的数学问题，也有可能涉及一些类似于微电子专业领域的问题，是一些非常实际的问题，这里面并没有说是特定的一个学科。

同样，认知科学听起来很大，是因为它涉及的问题很大。这些问题恰恰是没有哪一门或者两三门学科能独立搞定的。所以说将认知科学画成六边形，你也可以把它画成七边形、八边形。如果机器人工程学、分子生物学对认知科学很有帮助，对于理解我们的心灵和智能很有必要，你可以把它们都拉进来。所以这只是一个动态的、学科交叉矩阵，学科上没有那么泾渭分明。

后面那个问题是说人工智能为什么在认知科学里面占据一席之地，它和人类心智有什么联系。毕竟对于人工智能早期的设想，是能够做得像人类一样，因为人类是有心智的，是智能的。人工智能也想要做到让机器有智能，可以有自主学习能力，甚至自己设定目标，对任务进行求解等，发挥出人类智能的水平。但现在做人工智能的，不会强调要把AI做成像人类的心智一样。比如说人类拥有意识能力，拥有现象性体验，但是人工智能专家不会从一开始就试图造一个感受到疼痛的机器。他们更多的还是做好一些专家系统。在今天，通用人工智能如何实现？大家没有什么好的主意。实现路径也许跟人类智能很不一样。这就需要智能科学和智能哲学去努力。

学生提问：

认知科学框架性的工作已经完成了吗？它与知识论等传统领域有什么交流？

老师回答：

关于认识科学框架性的工作，仍然有不同的流派在互相争论。比如老的认知科学流派，像符号表征主义，给计算机预先编码好，设定好一套符号框架，然后像是做演绎推理一样去执行认知任务。在今天这种路子不太流行了，更多会使用大数据、深度学习、神经网络模型这些来做。究竟哪种好呢？你可以说各有各的好，但是要把道理说清楚是一回事，集各家所长并且实现出来又是另一回事。另外那个问题，比如我们今天讲的第三个话题——预测加工模型，依然在一个起步阶段。它跟知识论传统论题并没有特别密切的关联，因为我们今天讲的知识论和过去近代哲学讲的认识论还不太一样。休谟、洛克、康德讲的认识论都是带着一点认知科学基础理论的意思，他们更多是在关注“知识何以可能”，并且“知识何以可能”还会涉及发生性。但今天的英美分析哲学的知识论，更多是在回应盖梯尔问题（Gettier problems）、JTB问题——被辩护的信念是不是知识（Is justified true belief knowledge？）？如果不是的话，还需要加上什么条件？这些更多的是在一个对于知识的静态的、规范性的维度上展开的。如果说今天的认知科学和17—19世纪的那些哲学家在做的认识论有没有关系？我倒认为这个关系还挺大的。

学生提问：

如何去理解“设身处地”，这就是常识心理学吗？

老师回答：

“设身处地”很多时候涉及读心问题的推理。比如我小时候学习不好，考试成绩考砸了，还跟父亲撒谎说自己考了全班第二。之后他发现我没说实话，很生气地打了我一顿。我当时不理解他为什么如此大动肝火，但假设有一天我有了孩子并且孩子处在青春期了，我再去复原父亲当时的想法。这其实是一个推理过程，我思考的是，我若在那种情形下，设定好了条件 x、y、z，那么我若不控制自己的情绪，我会怎么样对待在叛逆期的孩子呢？

还有一种设身处地是不需要做推理的。比如，你看到一个人的手被刀给割伤了，而且你目睹了这个场景，他的手在流血。你有“恻隐之心”，见之如感之，像是自己的手被割伤一样感到疼痛。如果这个人是你爱的人，你模拟出来的疼痛甚至更强烈。这个时候你并不是在做推理，而是自身的镜像神经元被激活了。因此这种情况的“设身处地”就跟前面那一种“设身处地”不太一样，更多的是一种具身认知所讲的镜像神经元的工作，让我们能面对他人有共情的体验。

学生提问：

请问我们可以通过认知科学改变别人的行为，甚至影响政治选举之类的严肃事件吗？如果可以通过认知科学操纵别人的行为，那认识科学运用的伦理界限又在哪里呢？

老师回答：

认知科学本身是一套理论，或者说是一种理论的组合，而且这是一种非常基础的理论。如果想要达到操纵的程度，更多情况下需要在工程技术层面实现。比如特斯拉首席执行官埃隆·马斯克旗下就有脑机接口公司。如果想要脑机接口可以实现，也需要认知科学的基础理论，或者说，这种技术能做到何种程度，认知科学的理论也会有一些预判。

我以前写过一篇文章谈论这个问题，也许我们脑机接口的技术有一个限度，不可能把人的想法突然就灌输到对方脑子当中，哪怕有一个这样的脑机接口的界面，有一个设备可以跟我的大脑皮层相连。但是这里有一些原则性的问题，可能难以实现。比如说我们的工作记忆，我们都知道工作记忆的带宽很有限，就像你的电脑内存容量是有限的一样。如果你的电脑内存只有128MB，然后同时运行三十几个程序，打开六七个视频，电脑有可能就死机了。工作记忆的加工能力和加工方式与电脑很不一样，一瞬间把思想或技能灌输到另一个人脑子里面，我猜是不可能的。

当然了，你说的问题还涉及技术的伦理问题和政治哲学的方面，这里就不细说了。

学生提问：

老师您好，因为没有人能够拥有所有的知识，所以可以说知识是存在于集体中的。那么在这个情形前提下，请问个人理性和集体智慧有什么样的关系呢？

老师回答：

这个问题涉及刚才我讲的延展心智。如果说我们的心智是延展的，那就好像在说个人的知识不那么重要，但其实很重要。知识是以分布式的方式动态存在的。你提到的知识是存在于集体当中的，科学哲学家波普尔就是这样认为的，他把世界分成三个：

一个世界是主观的，一个世界是客观的，还有一个就是知识世界。按照这种观点理解的话，你是对的。但如果我们不去简简单单接受波普尔的观点呢？回头你可以继续思考这个好问题。

学生提问：

请问在心智表征理论中，思想语言有限的词汇从何而来？是否类似于集体无意识？它是在人类整体进化过程中逐步获得并传递给下一代，还是每一代人都依靠自身经验获取的？思想语言是如何更新的？

老师回答：

思想语言基本上是人同此心，无论你是哪个国家的人，大家的自然语言不一样，但思想语言都一样。比如我的计算机是苹果的，你的计算机可能是 IBM 的，虽然看起来是不一样的电脑，但是它的语言都是 0 和 1，本质上所有的计算机都是图灵机。自然语言背后的表征、操作这样的一套逻辑规则和操作方式，只要是人类都一模一样，没有什么区别。但是你在不同的自然语言环境中，可能会生成出不同的自然语言能力。如果一个韩国人从小生活在阿拉伯世界，就会成为一个说阿拉伯语的人。

那么这样的一个有限的思想语言词汇从何而来呢？福多认为这里面仍然是一个因果关系，是外部世界的对象。比如说一条真实的狗，导致了我产生了“狗”这样的一个思维语言（mentalese）的一个个例（token），而且这个词不是自然语言的词语。这里只是说我们不得不用自然语言“狗”的概念去表达思维语言“狗”的这样一个对应的个例。

这种思想语言的运行规则，福多可能会承认是我们先天具有的，知道规则、知道语法结构、知道知识，这里面就涉及乔姆斯基的生成语法理论。福多和乔姆斯基的高光期都在麻省理工学院工作，而且麻省理工学院的语言学和哲学是在一个系的。思想语言的运行规则和乔姆斯基的语言学理论是相通的。

学生提问：

请问老师如何看待“第七文化”只存在意识的说法呢？

老师回答：

我不了解什么叫“第七文化”。历史上很多哲学家会认为只存在意识，像贝克莱就认为“存在就是被感知”。有一些观念论（idealism）的主张会说，真实存在的只有观念，客观世界都是被主体的观念建构出来的。说得不严谨，但大致如此。

学生提问：

我们可以不通过词语去思考吗？而是通过知觉的或者是思考性的传输？

老师回答：

这里面就涉及你对思考的定义了。我们不涉及词语的思考的情况，比如说我有这种经验，晚上我要睡着时，慢慢地好像觉得自己开始做梦了。在做梦的过程中，我似乎并没有用概念思考，感受到的似乎是图像图景的变化，更多的是知觉的东西，这个知觉模模糊糊的，随后我就开始进入了梦境，进入了睡眠状态。

在这种类似于做梦的过程中，可能我的思想载体并不是词语。有人也认为动物有思考能力，但用的不是这套所谓的心理语言，而是图像。如果你指的是广义上的思考，那你这样的说法也没有错。

学生提问：

对于使得认知能产生的某一样东西的研究属于认知哲学的研究范畴吗？对于这样的可以使得我们产生认知的东西，我们可以控制吗？我们可以选择认知吗？如果可以，是否可以运用到心理学上？

老师回答：

我觉得你可以把认知理解成像计算机运行软件一样的过程，这种理解属于传统认知科学的方式。那我们对于认知是可以控制的吗？我们当然可以有意识地认识到我们的行动，也在控制着我们认知，而且甚至我们的知觉离不开我们的行动。举个简单的例子，当我们正常地站在地上看天空的时候，我们会对地面上的事物的景深有一个很好地把握——那栋房子离那棵树有多远，这个人和那一个人之间的距离有多远——我们关于景深的体验非常地精确。当我们站在地上看天空的时候，我们会发现我们对天空中的一个景深的关联性好像把握得没那么精确。可是如果倒立着看天空的话，你会发现在你的视域的下半部分的景深，就像地面上的事物的景深一样，变得非常地有立体感。这也是为什么我们坐飞机的时候看天上的云感觉更加壮观、更加有景深感，这背后就是我们的行动。如果你换一下视角，如果你倒立着看一看，会发现天空中的云的景深性变得很强，我们的行动可以改变我们的认知。

学生提问：

在认识事物的过程中，人意识到错误并进行自我反思的原理是什么？

学生回答：

认识到错误的话，需要摆事实讲道理。我相信人不会故意犯错误。这是个古老但很难辩护的说法。你犯了错，可能是因为有些情况你不知道，可能是因为你没有针对某些事情搭建出完善的推理链条。例如张三被你的一句话伤害到了，你觉得他小题大做，于是对他倍加指责。后来有人告诉你，说张三经历过某些伤痛，你有了关于张三人格特质的新证据，因此意识到之前这样做不是很恰当。认知科学哲学会讨论读心的问题，跟这个问题可能会有关联。

（文章第一稿由刘晓丹同学根据讲座录音整理完成，特此致谢！）

科技与人类未来

复旦大学哲学学院副教授、宗教学系副主任

郁喆隽

第一部分

“科技与人类未来”是个比较大的题目。从什么地方开始讲起呢？我们就从人类未来开始吧。

这几年，有很多与人类未来相关的书都销售得非常火，比如《人类简史》等。在社会科学领域中，也有一个学科门类叫作未来学。如果你不知道历史，就很难对未来有一个很好的预测。不了解历史就没有未来感。在上小学、中学的时候，我看过的那些科幻小说中关于未来的预测，到现在能够实现的非常少。我记得小学升初中的时候读过一本书，书中提到，到2020年人们就不再吃饭了，每天吃一粒小药片就可以。这个小药片里浓缩了人一天需要的各种营养，包括维生素、蛋白质、碳水化合物，等等。我认为这个预测在技术上大概是可行的，但是现在没有人愿意这样做，因为吃美味的东西对人们来说是一种不可或缺的享受。这些对未来的设想，为什么有些实现了，而有些没有实现呢？因为本质上它不完全是技术问题，即使技术手段是必要的。它与人的基本需求，包括人的自我认知是密不可分的。因此，这个话题是很“科幻”的。在讲这个话题之前，我们先回看一下人类这个物种，就是我们自己。

前几年我有一次去法国巴黎开会，会议结束之后，我去参观了法国国家自然历史博物馆。我之所以选择去看法国国家自然历史博物馆，是因为一个法国动画片里面讲到了这里。到那之后，我发现这里和其他的自然博物馆没有太大的区别，同样也是陈列了各种各样的动物和植物标本。很有意思的是，在这个钢结构建筑里面，各个年代的动物标本都在玻璃的房子里面，但是在一楼的大厅里有一群动物标本——它们主要是非洲撒哈拉沙漠和撒哈拉以南的草原地带动物——被排列成了一个非常整齐的队列，好像在向同一个方向走去。我觉得这样的编排很有意思。我在看完了这些标本之后，就步行到了古生物学和比较解剖学展馆。这个展馆是一个很有特色的两层楼建筑。大家都知道 2010 年世博会是在中国上海举办的，但世博会的历史非常悠久，早期的世博会大都是在欧洲举办的，例如英国、法国。而古生物学和比较解剖学展馆建筑的前身就是 1900 年巴黎世界博览会的一个展馆，后来被改造成了博物馆。

那是一个冬天的清晨，天气非常冷但阳光非常好，我看到清晨的阳光从这个玻璃房的大窗户照进来，感觉非常舒服。但是一走进展馆，我就看到一个人体标本，它没有皮肤，主要展现人的肌肉、骨骼、血管，就像是一个进击的巨人。中间一缕阳光打在标本的脸上，后面是像船舱一样的通透建筑，没有一根柱子。大家在古生物学和比较解剖学展馆一楼的大厅里面就会看到，一个进击的巨人站在最前面，好像是领袖、领导。它的后面是地球上现存的一些哺乳动物的标本，两边有一些两栖动物和鱼类标本。参观者进入这个房子后会感觉很震撼，眼前全部都是累累白骨，而且他们还让这些动物标本的头全部朝着入口的方向。这样的安排好像是给参观者一种关于“进化”的暗示，就好像各种动物从低级到高级进化着，但最终出来了一个人。从这个场景来看，人似乎是整个生物界的领袖，或者万物之灵长，领导其他所有动物走向一个方向。但是从进化论的角度来看，这个观点是不对的，进化并没有方向，只是我们已经知道人类是最高级的动物。因此这也可能是人的一种自我误解与错觉，是一种人类中心主义的观点。古生物学和比较解剖学展馆最有意思的地方是它对展品的编排和设计，即使像我这样对动物解剖学没有研究，也不是标本爱好者的人来说，看了也会感觉非常震撼。与一楼大都是“白骨”不同，展馆二楼摆放的都是曾经在地球上存在但已经灭绝的各种动物的标本，比如恐龙、猛犸象、海洋生物等。我们通过挖掘出来的各种化石来了解这些动物，同样让人感觉很震撼。展馆把所有的动物化石的骨骼也都朝着同一个方向摆放，也好像在一支正在行进的队伍当中。那么，人类凭什么可以在短短的几百万年时间当中，成为“地球霸主”呢？当我们看到一楼门口的那个人时，会发现他的身体和其他动物比起来似乎没有任何的长处，例如，四肢不是特别发达，没有像其他动物那样具有尖锐锋利的牙齿，也没有像豹子、狮子一样能快速奔跑，也没有像鸟类一样会飞，又不像鲸鱼、海豚能在海底游很长时间。在这样的情况下，为什么我们能成为万物的灵长呢？

人，被称为智人，在拉丁文中是“homo sapiens”。之所以称为智人，是因为人是智能的，这样能将人与猿人、类人猿区分开。因此，我们很聪明，也是在生物学演化中我们能成功的要素之一。但是或许哪一天我们也会像古生物学和比较解剖学展馆二楼摆放的物种一样消逝，也会有更高级的物种来代替我们。或许，我们现在所知道的一共一万多年时间的人类文明，在整个生物演化史中只是沧海一粟，更不要提其在整个宇宙演化史当中的位置。我们现在知道很多考古学、地质学方面的知识。从白垩纪开始，恐龙是地球上曾经的霸主，但恐龙的灭绝原因也众说纷纭，存在很多假设。其中主流假设是小行星撞击地球，引发了大爆炸，就像是人类的核爆一样，能量非常大。升起的烟层笼罩住了大气层，所以太阳无法照射到大气层中，就像是出现了核冬天，很多吃草的恐龙就会死亡。时间一长，食肉的恐龙因为猎物逐渐减少，也开始慢慢死亡。于是，恐龙灭绝了。这是一个很意外的事件。在恐龙生活的时代，小行星撞击地球就是一个很随机、偶然的事件，没有什么能保证它必然地发生。从恐龙灭绝这件事我就联想到人类。大部分哺乳动物的生存能力上都不如恐龙，人仅靠四肢更是无法跟恐龙对抗，如果不借助武器，可能几百人也打不过一个恐龙。因此，在古生物学和比较解剖学展馆的参观让我想到两个问题。一是人类作为一个物种成为地球霸主的原因是什么？二是人类作为智人来到地球上，在整个宇宙的演化史中到底意味着什么？我想借这个例子来切入第一个问题“人类的历史”。

孟子曾经提出过这样一个哲学问题：“人之所以异于禽兽者几希。”当然孟子主要是从一个伦理的意义上说的，说的是一个人可能禽兽不如。人与禽兽最大的区别可能就是人有道德、伦理、文化等。但我们可以从生物学角度或者宇宙演化史的角度来看这个问题。从古生物学和比较解剖学展馆走出来之后，我看到外面有一个浅浮雕。浮雕刻的是一只红猩猩卡住一位年轻女子的脖子，要把她杀死，在旁边还有另外一只小猩猩。红猩猩不是灭绝物种，在动物园中还存在。由此我联想到一个很经典的科幻电影《人猿星球》。这部电影讲的是，未来有一天我们曾经认为比人更低等的猿、猩猩等灵长类动物的智能突然得到了开发，它们一下子变得比人聪明很多，人反而变成了一种低等动物。于是这些高级灵长类动物开始联手起来奴役人类。这就像是一个噩梦，作为人当然不希望发生这样的情景，但是古生物学和比较解剖学展馆出口的浅浮雕设计似乎和《人猿星球》有着某种呼应。因此我觉得这也是一种宗教式的警醒，告诉人要时时反思自己的所作所为，明白自己比禽兽高明在哪里，与禽兽有什么区别。这是我在参观完巴黎国家自然历史博物馆之后思考的一个问题。因为我觉得如果仅从生物的角度来看，很难从人的身上找到一个绝对优势，尤其是如果不把大脑放进去，人的四肢哪怕是跟别的灵长类比较也没有优势。比如，爬树也是别的灵长类动物更擅长，更不用说跑步，等等。

后来我看了一部美国人制作的关于宇宙演化史的纪录片，非常形象地说明了这个问题。现在主流的宇宙观认为宇宙诞生于一场大爆炸中，也就是大爆炸理论。在大爆炸之前，既没有时间也没有空间。在这个大爆炸中无中生有，产生了我们现在所有的这些时间和空间。那么按照这个理论整个宇宙的历史大概是多少年呢？对此有不同的版本，有的版本时间短一点，认为有 150 亿年；有的版本时间长一点，认为有 250 亿年。那我们取中位数，大概是 200 亿年。在这个纪录片中有一个非常好的视觉化呈现，就是说假设我们把宇宙演化史 200 亿年放到一张一年 365 天的年历卡当中，大概到 11 月时才出现了第一个多细胞生物，绝大部分生物都是在 12 月才出现。地球上的早期植物大概要到 12 月 18 日才出现。在这个演化史中人什么时候出现呢？大概是在一年中 12 月 31 日晚上 10∶48，第一个直立人出现。直立人的拉丁文是 Homo erectus，与人没有太直接的亲缘关系。我们的祖先现代的智人，要在 12 月 31 日晚上 11∶54 才出现。也就是说，目前人在这样一个宇宙演化史的 365 天中，只存在了六分钟，就像是沧海一粟，非常短暂。但人的出现是否是必然的呢？我们要在这里打一个大大的问号。至少就我所理解的宇宙演化跟生物演化而言，我认为并不是必然的。就像我刚刚提到的如果恐龙没灭绝，那可能人类就无法生存在地球上。在别的类似地球的行星上会不会有跟人类似的生物出现？它是不是人？这些都是另外的问题。再往后看，到 12 月 31 号晚上 11∶59∶45 人类才发明了书写系统，文字出现了。我们知道中国的文字并不是最早出现的，文字最早出现在两河流域，也就是今天的伊拉克，在那里出现了最早的书写系统。也就是说，在这个宇宙演化史的 365 天中，文字才存在了 15 秒钟。埃及人造金字塔是在 12 月 31 号晚上 11∶59∶50 出现。如果说金字塔是人类文明开端的一个标志的话，那么所谓的人类文明就出现了 10 秒钟的时间。人类已知文明史满打满算有 1 万年到 2 万年，对应在这个年历卡上大概就是 10 秒钟而已。所以，人类的文明史相对于整个宇宙演化史而言，就是12月31号晚上最后几秒钟的事情。这也是我觉得自己非常渺小的地方。我们每一个人追溯各自的父母、祖父母以及更早的祖先，就算是把我们整个血脉系统连在一起，也就是这个宇宙演化史里最后一点点的事情。

那我们的出现是必然的吗？“我”的出现与其他个体的出现也是不一样的，比如“我”为什么会来到这里，我们现在似乎也不知道。而且到目前为止我们并不知道在宇宙当中是否有其他像人一样的高级智能生物存在。有一个“费米悖论”就是在思考这个问题：为什么宇宙这么大，但是我们到现在还没有看见与人一样的高等智能生物呢？当然这是另一个问题了。在这里我们要强调，在整个宇宙史之中人是非常渺小的。而人就会反思这些问题，这时候哲学就要登场了，来帮助思考这些问题。可能从启蒙运动以来，人就比较得意自满，比如我们一开始就说了人是万物之灵长。人在体能等各方面都比不上其他生物，可能就是人的大脑的中枢神经出现了一小点的变化，积累了一定的智能优势，就可以去“碾压”地球上的其他物种。我们知道很多动物也很聪明，比如松鼠的记忆力远远超过人类。因为松鼠过冬的时候会在各个地方藏榛子，能记住五六千个地方，否则它就会被饿死了。冬天下雪之后它就把榛子挖出来，春天新的果实长出来之前它还要把存储的粮食挖出来。我们知道让人记住五六千个自己藏钱的地方基本上是不可能的，甚至可能一旦电子邮箱多了，连密码也记不住。因为人跟别的动物比起来，人的综合能力是比较弱的，好像只有大脑有优势。当然一直有各种各样的争论，如到底是不是人的大脑这个硬件上的变化，让我们产生了文化？文化当中有很大一部分是语言，语言意味着我们可以把个人的经验传递下去，当然最开始是口头传递。但如果没有语言，人类的生活会怎么样呢？比如说我今天吃到一个很好吃的东西，我该如何跟你表达呢？比如有个奶茶非常好喝，我很想推荐给你。但是如果没有语言，我怎么告诉你多少钱一杯等信息？假设有了语言但还没有文字，那我至少可以跟你说什么地方新开了个奶茶店，奶茶很好喝，你可以试试。但是这个只限于口耳相传，以前我们没有电话的时候，我们只能面对面交流。面对面交流的传播级数是很低的，而书面文字的产生让人类知识、经验的积累和传播产生了一个巨大飞跃。人不用仅仅面对面对话才能进行交流了，古人就有鸿毛传信。我就可以把信息记录下来，写某年某月在某街的某个地方开了个网红奶茶店，那里味道不错，请你去尝尝。就算你以后尝不到，但是你知道这个事情在这地方发生过。所以语言的出现使人类积累的知识可以传递下去。这个很重要。一个人的生命是短暂的，很多人一生不会遇到新冠肺炎、大洪水、哈雷彗星经过地球等，但是有了语言记录，就可以通过别人的生活经验的传递知道更多的知识。因此语言的出现是一个巨大的飞跃，对人类来说很重要。当然很多书上讲的是人和动物最大的不同是人会制造工具。其实现在从最新的动物学研究来说这个问题已经受到质疑了。是不是只有人才会制造工具？至少目前研究发现倭猩猩是会主动折树枝，然后用树枝去扎水里的鱼的。这个最新的动物学研究证明了人并不是唯一会制造工具的动物。当然手指也会影响工具的制作，比如有些猩猩的手指是没办法分开的，自然就没办法操作很多精密的工具。从旧石器时代到新石器时代，再到如今的工业时代、信息时代，人们使用的工具有了飞跃性的发展，但是人基因上的变化是很小的。当然有人会说，人是有学习能力的。但是对人类这个物种本身感兴趣的人都会有这个问题：人这个物种的特殊性到底在哪里？我们跟地球上其他的生物相比，优势是什么？另外有一些解释是说人的大脑变化加上人的社会性，导致了社会文化的积累。我始终在思考这样一个问题。

从根本上来说，我们人类已经摆脱了纯粹的自然环境。在中学阶段的生物学中，会有达尔文的进化论告诉我们人类是怎么出现的。因为个体是不稳定的，它会出现突变，但是大部分的突变、变异是没有办法遗传下去的。在外部环境中会有一种自然选择，适应环境的突变会被保留下来，但这种也是很少的，要在很漫长的时间当中才会出现，比如几万年。我们知道物种是因为自然选择出现的，但是现在人还接不接受自然选择呢？当然突变每天在每个个体身上都有可能发生，如果你今天去照 X 光片，你身体当中可能有个别细胞会发生突变，但是这很难遗传下去。比如有些人有个体的突变，包括长相、肤色、体毛等突变，这些很小的变化也很难积累。绝大部分地球表面的人类已经很少接受自然选择了，或者说我们的自然选择跟人类的历史相比太短了，没有积累到那种可以让人诞生出一个新的物种的程度。我想引用古生物学家史蒂夫·古尔德的说法：“人类已经有四万到五万年没有生物学意义上的变化了。我们用不变的身体和头脑建立起了所有的文化与文明。”这句话意味着，主流的看法认为人类已经存在了五六百万年。五六百万年的历史对个体来说是很长的，但这与宇宙演化史或者生物演化史相比是很短的。除了寿命变长，现代人跟我们的祖先相比有什么生物学上的变化？比如人类有一些“退化”的迹象，理论上每个成年人都应该有 28 到 32 个牙齿，但如今很多人都没有这么多，因为用不上。再比如说人的阑尾也是个正在退化的器官。我们生活在一个人工创造出来的社会环境当中，我们很少像别的物种一样接受自然选择，所以我们要给自然选择打一个大大的问号。现在的人类依靠什么来进行选择呢？我们会用已知的技术手段来改变自己，但这种改变是不会遗传下去的。比如说整容，垫个鼻梁或者削个骨，等等，都不会影响到后代。但其他物种基本上是没有自由选择的能力的。我想引用文艺复兴早期的意大利人皮科的话，在他四百多年前写的一本叫作《论人的尊严》的书里——因为当时的欧洲人信奉基督教，他就用造物主上帝的语气对人类的始祖亚当（在这里亚当代表了全人类）说：“亚当，我们没有给你任何固定的位置或专属的形式，也没有给你独有的禀赋……”这里是以上帝的口吻对人类始祖亚当说人类在自然界宇宙中是没有特定的位置的。因为古代人都相信自然界有一个由最低级到最高级的生物的编排，我们现在很多人也是这么想的。比如法国国家自然历史博物馆里会按照界门纲目科属种排列。皮科继续说道：“你不受任何限制的约束，可以按照你的自由抉择决定你的自然。我们已把你交给你的自由选择。”此处的自然是指自然而然、未经雕琢、没有经过人为的改变。但是上帝对亚当说你不受约束，可以按照你的自由选择来决定你的自然。对绝大多数动物来说，当它被生下的那一刻，它的自然就已经被决定了，不可能再改变。比如说一只羚羊生下来的时候是羚羊，那它就不可能变成别的东西。“我们已把你交给你的自由选择……

你既不属天也不属地；既非可朽亦非不朽；这样一来你就是自己尊贵而自由的形塑者，可以把自己塑造成任何你偏爱的形式。”这种说法是打破一切等级秩序结构的。以前人们认为神是属天的，其他物种是属地的，但人既不属天，又不属地，而是在中间。“既非可朽亦非不朽”，这个不朽是指神，而绝大部分生物都是可朽的。我们人当然也会死，人是易朽的，但是我们可以创造一些不朽的东西。因此按照皮科的说法，人不在接受自然选择的范围内，而是我们按照自己想象出来的方式去改变自己，做自己尊贵而自由的形塑者，把自己塑造成任何自己偏爱的形式。

这就有点接近存在主义者后来所说的“人的存在先于本质”。人不仅存在先于本质，而且某种程度上人是可以自我规划、自我塑造的。人与这个世界上的很多生物都不一样，人的很多所作所为从本质上来说都具有反生物性。反生物学包括节食、减肥等行为，以及社会学利他行为。因为大部分生物都是利己的，因为它想要把自己的基因传递下去，但人是会利他的。而且有的是非常无私的利他行为，如可以为了素不相识的人而自我牺牲，等等。这些都跟人的自我认知有关，自由选择的前提是人有自我认知。比如人可以想象我应该是一个什么形象，很多人在很小的时候都会想我应该是怎么样的。比如，一个人不会游泳，但是他会想“我应该会游泳”。所以人可以在很多不同的方向上筹划，这跟人的自我认知是有关系的。文艺复兴时期科学技术水平与现在比起来是非常低的，那时候人的意识刚刚开始自我觉醒。但皮科已经想到未来条件一旦成熟，人就有可能成为自我塑造者，把自己塑造成自己偏爱的形式。其实后来科学技术的迅速发展把这个可能性赋予了人，人从一诞生的那个瞬间开始就一直在做一个梦，就是我不要像现在的自己这样，我想要改变已经具有的天赋，往上面增加一点或减少一点来改变自己，我要做以前做不到的事情，克服一些我的先天局限性。因为人有想象力，有一个自己虚构的未来，所以人有这个能力。当时皮科还没有这样的技术能力，但是他有想象力。而跨越现实与想象的关键技术能力是最近两三百年才获得的。第一部分主要是在宇宙演化史当中对人类发展的回顾。

第二部分

人因为想象不再接受自然选择，而更多地是自由选择，确切地说人是自我塑造的动物。其中科学技术对人来说是非常重要的，因为它能够使得人的自我塑造按照人的想象、需求、欲望、偏好、审美来进行。技术是使得自我塑造从可能性变为现实性、由想象变成实际的重要的工具或手段。这里的技术问题始终跟人的想象有关，其中有一个哲学问题——到底什么是人。

如果你对美术感兴趣，你可能会知道这样一幅画。文艺复兴时期的艺术巨匠达·芬奇画了一幅叫《维特鲁威人》的人体素描画。很多学美术的人都把幅画中的维特鲁威看作是完美的黄金比例的人体代表去临摹。但是关于当时达·芬奇为什么会画这幅画，有很多神秘学的解释。画中人的肚脐眼是整个正圆形的圆心，撑开的手脚正好是在这个圆的边上，而在这个圆中有一个正方形。有一种神秘学的解释是人处在一个神圣的阶梯上，这是西方基督教的说法。神圣的阶梯是指梯子，梯子最上面是造物者、神，再往下一点是天使，再往下点是其他超自然的东西。而人在中间，人以下有其他的动物，再往下还有植物、死物，等等。整个宇宙的万事万物都可以被编排在这个神圣的阶梯当中。拉丁语中专门有一个词叫 scala，是梯子的意思。人在中间的位置是什么意思呢？有双重意思，人既可以顺着梯子往上走，人也可以往下堕落。这跟刚刚皮科的说法是非常相似的，就是人的位置不是固定的，既可以超越上面活得像神一样，也可以堕落下去变得禽兽不如，甚至变成死物。

文艺复兴时代的人因为刚刚从信仰当中挣脱出来，但又没有陷入非常狂妄的自我中心，所以就产生一个核心的思考——人是什么。我们现在不大想这个问题，我们更多是想我是什么。在今天，如果我们不经常问“人是什么”的问题，我们往往认为科技的发展与人没有什么关系，而是独立的。我们本章的题目叫“科技与人类未来”，因为从哲学的角度来讲科技发展很大程度上与人的自我规划、自我想象是有直接关系的。就像奥林匹克的口号中的更快、更高、更强，未来的人是不是应该更快、更高、更强？这是不是包含在人的自我规定性里面？因此在科技能力越来越强的情况下这个问题就更加凸显出来。最近几年技术给我们带来的惊悚感也越来越强，好像人类正站在一个十字路口，这个十字路口会有很多新的技术出现。我个人认为科学跟技术是两个完全不同的东西，虽然它们有内在的关联，但是科学是一种冷静的旁观，是要说清楚宇宙和世界的运行方式、基本规律；而技术是科学理论的应用，是要控制和改变这个世界。这两个的取向是很不一样的，一个是旁观者，另一个是行动者和索取者。从西方哲学史发展来看，一个很明显的分水岭就是弗朗西斯·培根提出了“知识就是力量”。以往哲学家认为，静观是最高的美德。但这里面出现了我说的科学和技术的根本差别。最近几年人类的基础科学的发展好像进入瓶颈期。科学史里有一个经典的说法，就是理论物理学的天边有两朵乌云，这两朵乌云后来变成了量子力学的风暴。之后爱因斯坦横空出世，写了几篇论文就把相对论提出来。现在基础物理学分为三部分，在人类的正常尺度下是牛顿力学，在亚原子的微观尺度下是量子力学，在宇宙星系的超宏观尺度下是相对论。但是这三部分是不能统一起来的。爱因斯坦失败了，往这方面努力的一些人也没有成功。我们可以说基础理论其实在20世纪二三十年代就已经完成。因此我们这一百年在物理学基础理论方面没有像量子力学或者相对论那样具有重要影响的理论出现。在科学方面对宇宙最基本的认识好像进入了瓶颈期或相对停滞期。但在这一百年里，技术跟以前一样在加速发展，新的技术产品层出不穷。很多未来学家、科幻学家或历史学家都在写关于未来学的书，包括一些江湖骗子都在说奇点临近。经典的奇点解释是，强人工智能的出现会导致一个奇点，就是说AI智能起飞之后，只要超出人类一点点，就会以很快的加速度发展，甚至会在很短时间内全面“碾压”人类。这种“碾压”类似于当年人类出现以后“碾压”其他物种。然而，这种说法本身没有太多证据的支持，但现在成为大众媒体中经常会提到的趣事。没有那么多高科技技术的VR，也会给人造成完全不一样的感觉。我们这代人是经历了从没有VR到有VR的，但是可以想象未来一个人出生时就在一个VR环境中，那他会怎么样？那可能是一个很惊悚的故事的开端。所以这也是会影响人的生活方式的，甚至很多科幻小说就讲未来的人因为环境恶化、资源稀缺、养老问题突出等原因，一出生就把人放在 VR 中，你以为你过得很幸福，天天躺在加勒比海的小岛上晒太阳、喝饮料，其实这不是真实的。你是在肮脏、简陋不堪的仓库里，和其他人一排一排睡在地上。这说明了技术可能会从根本上改变人的生活方式。所以奇点临近就变成了现在大众媒体中经常出现的一个叙事策略。我们隐隐感觉基础科学进入了停滞期，但是技术的发展好像时刻都会出现突变或者说长期积累之后会达到一个临界点，这个所谓的奇点就是临界点。我们很难想象临界点之后是什么，因为之后的变化太大了，那将是非常剧烈的，会造成强烈断裂，产生天翻地覆的变化。面对奇点临近，人应该怎么办？很多江湖术士、“人生导师”就乘虚而入，售卖他们的产品。但是对我们从事哲学研究的人来说就有一个迫在眉睫的问题，或者说很多严肃的学者已经开始思考这个问题。我 2018 年参加世界哲学大会时，有好几个分场都在讨论这个话题，叫 transhumanism，中文可以翻译为超人类主义或异人类主义。trans 就是改变，human 就是人。前两年非常火的美剧《生活大爆炸》里 Sheldon 教授每天穿同样款式的 T 恤。他有七件颜色不同的 T 恤衫，上面印了人的简单演化史，从猿到直立猿到智人。很多哲学家都开始思考超人类主义，假设未来有一种跟人不一样的物种，这个物种不是自然演化出来的，而是人自我改造、自我塑造出来的。那么人会变成什么样呢？假设人可以给自己加电子眼，那人就可以看到很远的地方，甚至可以看到墙后面的东西，可以看到很多不应该看到的东西，看到可见光频谱之外的波段。这是一条路径。

另一条路径也迫在眉睫。大家都知道波士顿动力公司研发的机器狗，如果未来我给自己加一个机器外骨骼，我可以上天飞翔、入海潜水，这些都没有问题。这绝对和生物学意义上的人有着天壤之别。我们就要讨论这个问题：在人的技术奇点临近的情况下，人类到底应该走哪个路径？在座的每个人都可以憧憬一下，未来科幻世界你想把自己变成一个怎么样的人？当然这个人已经不再是原来的人，不再是智人，而是超人，是新人，是异人。

但这样就产生了“忒修斯之船”的问题。“忒修斯之船”是大家都知道的经典的形而上学的思想实验，就是说忒修斯之船每到一个港口，坏掉的木板就会被新的木板替换掉，换到最后没有一块木板是原来的木板了，那么这艘船还是原来那艘船吗？现在人类也面临着“忒修斯之船”的类似问题。从原则上来说除了人的大脑，人的每个器官都可以被替换掉。人身体上的器官肺、心脏、肾、四肢，都可以换成机械部件、电子部件，但换到什么程度之后那个人还是原来的人？这跟忒修斯之船差不多是同构的问题。比如你可以换一个肺，进行体外循环。在新冠肺炎疫情期间，就有很多人用这个设备救了很多重症患者。那我甚至也可以换一个呼吸筒，这样我就可以在水下呼吸。这就意味着这不仅是替换原有的功能，而且也可以增强原有的功能。比如军人手受伤了，他在截肢之后就可以安装“麒麟臂”，“麒麟臂”的握力会远远超过一般人的握力，这就是增强功能。增强功能的关键问题是人类要增强到什么程度后，他才会变成跟现在的自然人完全不一样的种群。因此这些技术发展的种种可能性以及奇点临近的趋势，都使人开始思考未来人有没有可能不需要经过自然的演化，不需要经过自然选择，而是经过自由选择，自己就可以给自己添加很多“插件”，把自己变成不一样的种群。虽然这个问题要跟很多技术可能性联系在一起，但是这个问题会产生一系列意想不到的伦理后果。

接下来，我要更多地讲一讲技术。在我们的高中教育中占主流的是乐观的技术进步主义。什么叫乐观的技术进步主义呢？就像是刚刚提到的奥林匹克口号中的更快、更高、更强，他们认为技术会使得人类整体变得更快、更高、更强。但是其实稍微回顾一下技术史，你就会知道技术有一个关键，就是它是有应用的。正如在我看来，科学和技术是不一样的，科学可能是中立的、旁观的、观察的、认识的，但技术是应用的，应用就不可能是中立的，因为应用的具体后果不是中立的。我们可以看到公式 $E=mc^2$，在爱因斯坦写出这个公式的时候，这是科学发现，是在科学理论上突破了人对自然界的认识，是一种认识的飞跃。但是 20 世纪有两次很特殊的事件，就是两次世界大战。所以很快爱因斯坦在科学理论上的贡献和突破，就变成了技术上的应用。我们知道大多是军事催生了人类的技术应用，比如军事应用的核弹、“冷战”时期美苏军备竞赛时造的核武器，可以把地球表面的人毁灭几十次。同一个科学原理造出来的技术可以运用于实现人类和平的目的，比如发电，制造核动力的破冰船、火箭……这些应用从理论上讲是可以解决很多能源问题的，但如何评判是根据我们的价值观念作为依据的。比如我们绝大部分人会认为战争是坏的，而和平是好的，很多人会认为核弹的应用是糟糕的。但是每个时代人的价值观都会变，而且我们现在处在一个价值多元的时代，不同国家、不同地方的人的价值观是有冲突的。我们向往和平，但是不能保证这个世界上的人都是向往和平的，可能会出现一些好战分子甚至恐怖分子。技术和科学很不一样，技术有很强的两面性，所以这个时候就必须要考虑技术伦理的问题。有一个专门的研究领域叫 techno-ethics，可以翻译成技术伦理学。这是哲学下面很重要的分支，涉及了很多问题，比如，现在前沿的技术发展会不会引起一些伦理问题？我们有没有必要未雨绸缪，考虑一下它的伦理风险？有没有可能控制或者影响它的技术发展的路线？

在技术方面有这样一个问题，叫作“科林格里奇困境”，是一位英国学者在一本叫作 *social control of technology* 的书中提出来的。他认为技术不能放任自流，要控制技术。但如何控制技术是一个很难的问题。他讲到了一个两难的困境：一方面，除非一项技术得到广泛应用，否则其影响不可被完全预测。大家想想是不是这样？回想一下我们现在用的很多技术产品，比如通过互联网看短视频、打游戏、聊天，等等。最初互联网的出现是为了帮助一些很自律的科学家完成全世界科学技术信息的共享，不会想到现在能使我们天天刷短视频。因此互联网技术没有得到广泛应用的时候，其影响是不可预测的。也就是说，技术的发明者、技术的应用者、技术的使用者和技术的推广者的想法是不一样的，所以这个技术在具体运用过程中会发生变化。另外一方面，如果一项技术得到了广泛应用，那么它就难以控制了。比如，我们现在就不能回到最初的互联网，不可能仅仅用来发邮件传播科学技术了，我们现在更习惯借助互联网来娱乐。人类技术发展史上有很多东西都是这样的，因为一个技术出现时，我们并不能十分清楚地知道它未来的变化。比如有一部电影，讲的是美国历史上最大的环境诉讼。当年美国发明出了不粘锅，这个不粘锅是用特氟龙材料做的，完全不会粘，很受美国家庭主妇的欢迎。但过了一段时间，他们发现在特氟龙的生产和加工过程中，会造成很严重的环境污染。这个污染会导致当地人的胎儿有很高的致畸率，周围农场的动物都得了癌症，人也会有一些奇怪的病。这种情况是当年开发特氟龙的科学家根本没有想到的，而且现在要弃用特氟龙，成本也会非常高。当时美国联邦政府对特氟龙的使用还没有法律约束的时候，一些民间环保主义者就发现在特氟龙工厂附近的人有特别高的癌症发病率，还有一些奇怪的病症，他们就迫使运用特氟龙材料的公司进行赔偿。在巨大的经济利益面前，公司就算出现了丑闻，他们也不愿意承认，因此很多技术都是覆水难收。人类的技术始终有这个问题。我们在科幻小说或现实中的技术人员身上可以看到，他们似乎只是想让技术更完美一些、更先进一些。但是其实会引发意想不到的后果，人类历史上经常会发生这样的事情，哪怕一开始是美好的初衷，最后也可能会造成灾难性的后果。在社会哲学中会特别强调这种不可预见的后果，因为人是在社会中生存的。例如，阿司匹林是非常常见的药物，最初发明出来时是为了治疗头疼、感冒、发烧等。而最近几年研究发现阿司匹林可以很好地治疗冠心病等心血管疾病。这是一个正向的、积极的、未预见的、意料之外的后果。阿司匹林最早的用途和我们现在发现它所具有的功效是很不一样的，它可以治疗之前没有想到的其他疾病。而更多时候出现的是反向的例子，不可预见的、意料之外的后果是很糟糕的、不可控的，会造成骇人听闻的后果。

所以我们对人本身不能陷入过于乐观当中。当然我们知道，我们国家绝大部分国民的自身科学素养比较低，这是第一个悖论。第二个悖论是我们对科学技术保持了一种很盲目的乐观心态，就像是我们之前讲到的乐观的技术进步主义者。乐观的技术进步主义者相信，当我们碰到一个问题时，可以单纯地依靠技术的进步来解决技术带来的问题。这样想的人可能会忽视三个问题：第一，技术进步造成的问题可能会越来越大；第二，可能控制不住原来那些问题；第三，即使解决了原来的问题，也会出现一些新的问题。面对这两个悖论：第一，我们要提升自身的科学素养。第二，我们要逐渐改变对技术的单纯乐观心态，有必要对技术保持警觉。这并不是杞人忧天。就像前面所讲的，技术产品是会失控的。如果失控的副作用是可以预知的，那么我们可以预防；但如果这种副作用是不可预知的，那么就很难对它进行提前干预，可能就会失控。因此，虽然人类是万物之灵长，非常聪明，但对于人类来说技术失控问题是20世纪人类技术史上的最大忧虑。

我们来看四个案例。第一个案例是切尔诺贝利核电站事故。切尔诺贝利核电站的核子反应堆事故，是在特殊的历史环境下的一场安全演习过程中发生的。事故发生之后一些不负责任的人试图掩盖这个事实，直到波罗的海沿岸国家在大气层中发现了迅速飙升的放射性粒子，这个事故才被世人所知。这是一个经典的技术产品失控案例，因为按照最初设计是不会出问题的，但是人本身是有私心要面子的，因此人在特定的权力关系下会隐瞒一些应该上报的东西。这都是人以及社会固有的缺陷。

第二个案例是人类航空史上著名的协和号。这是至今唯一一款投入商业运营的超音速客机，它是由法国人制造的。客机外形优雅好看，像一只白天鹅，但是经济效率低下，还会产生很大的噪音，尤其在起飞、降落的时候，会给附近的居民造成很大的困扰，罚金高昂，后来退出了运营。当然还有一个重要原因，它最后一次起飞的时候碾压到了上一架飞机掉下来的一块金属碎片，碎片反弹到了飞机上，最终造成了飞机坠毁。这样的意外失控的情况是完全无法预料的。

后面两个案例都是科幻作品中的，不是在现实中发生的，不过同样表达的是对技术问题的担忧。问题的核心都是技术失控。一个案例来自电影《奇爱博士》。这部电影讲的是“冷战”时期，美苏两个大国进行军备竞赛，两国都很害怕对方向自己发动一场先发制人的核打击。当时美国有“三位一体”的核反击力量。所谓“三位一体”是指同时拥有陆基（战略弹道导弹）、海基（战略核潜艇、潜射弹道导弹或核巡航导弹）、空基（战略轰炸机、机载巡航导弹或核炸弹）三方面战略核力量。《奇爱博士》讲的是空基。他们强调要防止意外事件的发生，第一个要防止在第一波打击中被一网打尽，要重视生存率。因此一旦警报响起，所有的飞机就都要起飞，在空中就不大容易被消灭了。第二个是要防止敌方的宣传信息渗透到自己的指挥信息当中。《奇爱博士》中讲了一个故事，美国收到一个假消息，说苏联先发制人，发动了一场对美国的核打击，因此美方的战略轰炸机接到命令，立即起飞去苏联进行报复了。飞机起飞之后才知道这是个假消息，但是没办法把飞机都召回，因为所有给飞行员说这是个假消息的消息都会被认为是假消息。可见，当时的设计就出现了很大的问题，人类可能不可逆地进入了全球核战争。

第四个最经典的案例是阿诺·施瓦辛格主演的著名科幻电影系列《终结者》。这个系列的电影给我的童年造成了巨大的“心理创伤”。很多人把《终结者》当动作电影来看，其实这是一部科幻电影，讲的是北美防空司令部的计算机突然“发疯”，认为人才是这个地球上最大的灾害。因此它想通过发动核大国之间的相互核攻击，让人类自相残杀。最后人工智能变成了地球主宰，人类几乎被灭绝了，于是才有义军起来反抗人工智能。

这四个案例都是在说明技术产品本身会失控，而且大家始终在为这件事情感到担忧。而我们最近的担忧就是前面讲到的“被造物”的逆袭。当然就我个人目前所掌握的材料来看，很难在可预见的未来会诞生所谓的超级智能。但这个叙事本身的母题，就是“被造物”的逆袭。当然我们东方人不大会有这样的想法，我们人都是自然而然的。但西方人受到几千年来犹太教和基督教的影响，就会认为人是被造物，而神就是伟大的造物主，把世界造出来，也把人造出来。但是《圣经》说，被造物亚当和夏娃一开始就在伊甸园当中违背了上帝的意志，上帝不让吃果树上的果子，但他们吃了，之后他们就突然开窍了，所以被上帝赶出去了。这就是被造物的逆袭。最早的科幻作品——玛丽·雪莱写的《科学怪人》的内容很惊悚，讲的是科学家弗兰肯斯坦（Frankenstein）为了让他心爱的人再活过来，想要赋予一个尸体生命。但是他偷不到尸体，后来他从大学的医学院偷来了一个有生理缺陷或精神缺陷的尸体，在一个雷雨交加的晚上想通过引来雷电的方式让尸体复活。当时的人认为生命和非生命之间的区别是电。这在当时是很奇怪的想法，现在已经不流行了。但是尸体获得了生命之后，就反噬了，因为他以前就有精神缺陷，不能理解人的很多道德行为规范，所以反过来侵害他的造物主。其实超级人工智能也是这样一个叙事的母题。人现在变成了造物主，通过技术的方式发明制造了很多东西，包括汽车、手机、电脑、互联网、火箭，甚至人工智能。那么人工智能有没有可能有一天用特殊的能力反过来把人类杀害？这种担心来自特定的世界观和宗教传统，但是从技术角度来看，我们现在还没看到对这种母题的分析。

事实上，我个人认为不需要太担心人工智能的发展，但有些技术已经需要慎重考虑了，因为实际上已经取得了很大的突破。2018 年年底，南方科技大学原副教授贺建奎宣布，他对两个婴儿在出生前进行了基因编辑。后来南方科技大学研究决定解除与他的劳动合同关系，终止其在校内一切教学科研活动，因为他违反了一系列科学研究的研究伦理、生命伦理、医学伦理等规则。最终他被法院依法判处有期徒刑三年。当时争议的原因是，他用特殊方式来敲掉人的基因组中的某些片段或者去修改它，但在编辑一个基因的时候准确率不会那么高，可能会修改错基因——也就是“脱靶”。但是这两个婴儿已经生下来了。因此，这两个小孩长大以后有没有像其他人一样正常结婚生子的权利呢？如果有的话，那么他们的基因就永远进入人类的基因库了。

人类从最原始的技术开始发展，石器时代制作工具都要靠敲打一块石头完成，发展到现在拥有先进的高端技术，比如可以精确地改变人自身的基因。我们正好处在这样的分水岭上，虽然未来会遇到很多伦理、道德、法律上的门槛，限制我们有很多事情不能去做，但是我们已经具备了技术能力。我个人是比较悲观的，即使很多国家、科学共同体制定了一系列的规定，要求不允许滥用技术，但不幸的是这并不取决于道德水准最高的人，而是取决于道德水准最低的人，总会有人在灰色的地带铤而走险，这就像是一个链条的坚固程度取决于其最薄弱的环节。假设未来技术越来越成熟，你不从科学家的角度考虑，不站在国家的角度考虑，而你从一对夫妻或者一对父母的角度来说，你会做哪些选择？父母的智商都是 120，生下宝宝后努力培养，宝宝的智商可能会达到 140，但是要达到 180 就很难。但修改基因后的宝宝，就会有先天优势，比如智商达到200，看书过目不忘。那你会怎样选择呢？你会给自己未出生的宝宝修改基因吗？很多人说我站在道德制高点上，坚决不做基因修改。那你的宝宝上学后，发现班里有很多同学都是修改过基因的，他（她）应该如何与这些同学竞争呢？这就是囚徒困境，也是人类经常出现的困境，而且是可以想象的未来的事情。

我们怎么看待这个事情呢？技术这个事情在现代并不单纯，因为它不仅是由技术的发明者创造出来和控制的，而且技术的发展受到很多方面的影响。这些方面包括：一是国家的政策，比如政府可以通过立法来规定哪些可以做，哪些不可以做；二是学术共同体，本身科学家内部是有一些自律的科学伦理的规范，这些规范也规定了哪些可以做，哪些不可以做；三是一些市场的因素，有很多的企业为了赚钱会直接给某些科学家投资，雇佣他们去发展技术。

影响技术发展的还有哪些方面呢？还有终端消费者，就是使用者。除此之外可能还有第五方和第六方，但是其他的因素可能没有那么大的影响。这四方共同在一起以一种合力的作用才会使得一个技术产品的所有的社会后果展现出来。大家回忆一下，其实我们都用过很多这种技术，比如，互联网就是最典型的例子。现在互联网的用途基本上被企业跟终端消费者所控制，学术共同体没有起什么作用，政府则是进行一些管制，等等，但最重要的还是终端消费者所控制。企业为了赚钱或者政府为了让国家变好，会推出一些很容易让人上瘾的东西，让你觉得天天很快乐。终端消费者天天在玩某一款手机游戏或者看某些短视频就会感觉很开心，但是最后会发现浪费了大量的个人时间。

大家可以看一下由著名的反乌托邦著作《美丽新世界》改编的科幻电视剧。这里面未来世界的人服用一种精神药品，叫作索麻，它就很像现在的一些电子消费品，不会让你上瘾，但让人很开心，能把人废掉。所以我们要反思一个问题，就是让自己每天很开心是不是人的终极追求，包括不会受苦、不会受一点累，这对人意味着什么呢？

其实这就要回到“人对人自身的认识是什么”的问题上。追求幸福快乐是人的唯一目标吗？我们在技术伦理当中会做一些分析，现在市场上也有很多这种分析，叫作利益相关分析（stakeholder analysis），就是说我们面对一个技术产品或者一个技术风险的时候怎么看。在分析的过程中，既有获利方，也有决策方，还有承受风险方，这三方并不是完全重叠的，利益并不是完全一致的。最差的就是决策人不承担任何风险，而获利一方把他的风险全部转嫁给别人。这其实是很危险的，因为决策方可以对自己的决策不负责任，同时还能让别人承担造成的风险代价，而自己获利。一个好的政策应该让这三方都有所控制和顾忌。

我不是一个未来学家，对现代技术的发展了解有限，但是这几年讨论得比较多的几种有风险的技术——人工智能、纳米技术、虚拟实境、基因编辑，我们基本上都讲到了。我个人的观点是，人工智能好像实现的可能性不大，可能目前还看不到强人工智能或者通用人工智能实现的希望。我对纳米技术不是特别了解。基因编辑已经突破了，而且它的实践运用已经摆在你面前了。虚拟实境看上去不是那么高科技，但我的观点是，在回顾了人类技术发展的历史后，你会发现对人造成颠覆性影响可能并不需要那么高的科技。很多比较低科技的东西就会对你的生活方式和伦理道德造成根本的影响。但是今天还有一个东西没有讲到，就是埃隆·马斯克在研发的脑机接口。马斯克说他 2022 年就可以推出人用的脑机接口，这其实也挺可怕的。我觉得我们现在处在这样一个既幸运又不幸的时代，不幸的是我们经历了这次新冠疫情之后，大家都觉得更加迷茫，未来更加不确定。幸运在什么地方呢？我们真的目睹了甚至亲历了一些前所未有的变革。变革这个词是中性的，可能是好的，也可能是不好的。我觉得我们这个时代有一个困境，就是很难分清乌托邦（Utopia）跟异托邦（Dystopia）。“Utopia”这个词大家都知道，“U”表示不存在的，“topo”则是一个地方，托马斯·摩尔曾经用这个词写过一本书，从此之后这个词就变成了一个概念。乌托邦就是指未来很好的一个地方，但是这个地方在现实里不大可能实现。而异托邦则是它的反面，这也是在未来出现的，但是它是不好的。我们处在现在这个价值多元甚至有些价值虚无的时代，当未来的一个技术产品出现，它到底是好还是不好，到底是“乌托邦”还是“异托邦”？大家的看法是不一致的。比如说我刚刚讲了对待基因编辑的态度大家都高度一致，各国政府都说不可以。但有很多技术产品，比如说脑机接口，这到底是“乌托邦”还是“异托邦”呢？几乎所有的技术产品刚出来的时候，他给你描绘的东西都是乌托邦的。这不是说他的想法不能实现，而是说刚出来的这个产品非常好。比如说很多残疾人或者因车祸等意外而受伤的人，他们没有办法控制自己的身体，那么在他身体残疾或者有伤的情况下，脑机接口就可以帮他完成靠自身没有办法完成的事情。最初他总会给你描绘一个非常好的景象，但是未来到底会怎么样？一旦这个技术发生问题，我们可以想象一下它所引发的后果。比如，所有人都是通过脑机接口来完成各种事情，那么人会变成什么样子？直接可以联想到的是还需要人的四肢、躯干吗？是不是人人都可以变成一个“缸中之脑”？“缸中之脑”是由哲学家希拉里·普特南提出来的一个很经典的思想实验。因此即便是在可想象的未来当中，人们对这两个现实的价值判断也会很不一样。我觉得这是我们当前一个很大的困境，因此我们需要思考下去，哲学在这一方面就是要未雨绸缪。

整体而言，我认为我们既幸运又不幸，人类正处在“一万年未有之大变局”。当年李鸿章在《筹议海防折》里称“我中华已处于三千年未有之大变局”，这其中有一种前所未有的断裂感，因为未来不可知。为什么现在叫一万年呢？因为一万年就是人类文明的长度，我们就处在各种奇点临近，甚至有些还不仅是临近，比如基因编辑技术已经来了，而且未来这些技术只可能越来越成熟、越来越发达，并且成本会越来越低。从文化的角度上想象，各个大陆被挤在一起，现在交通、互联网技术的飞速发展使得我们的物理空间被大大地压缩了，而我们各种文化之间的交融和冲突也越来越多。这样的一万年未有之大变局是全球化造成的结果，而且是个不可逆的必然结果，面对这种情况你会怎么样？基因编辑、人工智能等都会造出一个“新人”，或者用前面所说的是“超人”，这个超人对人来说是福音吗？你愿意赶上这一波潮流把自己也变成一个超人，还是说你会从审美上或者道德上加以拒绝呢？诸如此类的问题会使我们现在的人类处在这样一种十字路口。但是我觉得根本原因还不是因为这种可能性是由技术赋予的，其中真正起关键作用的还是我们的伦理判断，包括个人的伦理判断乃至一个地区、国家的伦理判断。做出这种伦理判断之后你就要付出相应的代价，比如说如果有一个国家决定把基因编辑技术运用到本国国民身上，把国民变成一个个超级战士，然后向你的国家发动战争，那你怎么办？你用不用这个技术，这就是我说的困境。如果你不用的话，代价就是你可能要打败仗、成为奴隶等。因此，我觉得我们在面对这样一种空前的、不确定的情况时，更加需要用哲学来反思。我们以往认为只要科学家去反思就可以了，我认为现在任何一个技术产品的终端消费者也要主动去思考类似的问题。

最后用一个开放式的结尾来结束这次的讲座：人处在一万年未有之大变局的情况下怎么办？其实，你购买每一个产品的时候，你每天打开手机点开一个视频的时候，每时每刻都要有一个意识：你在做一个伦理判断。你每消费一个东西、每看一个视频都是在定义自己。甚至你在不经意当中，完成了定义人类这个物种的艰巨而伟大的任务中的一小部分。所以我不大相信未来的人会变成所谓的超人、后人类。我觉得如果技术真的成熟的话，那么就没有什么智人、超人类、后人类这样的三部曲。在智人之后，人就会分道扬镳，变成不同的“亚种”，这取决于每个人自己的选择。

（本文第一稿由朱锴婷同学根据讲座录音整理完成，特此致谢！）

技术伦理与人类未来

复旦大学哲学学院特聘教授、博士生导师，复旦大学应用伦理学研究中心主任，复旦大学生命医学伦理研究中心主任，复旦大学科技伦理与社会治理研究中心主任

王国豫

一 技术与伦理：人类文明的两翼

技术与伦理之间究竟是什么关系？有人认为伦理就是对技术的约束，是阻碍科学发展的。事实是这样的吗？为此，我们首先要探讨技术与伦理是怎么产生的？我们为什么需要技术与伦理？然后我们再来追问技术为什么是伦理学的研究对象？

在我看来，技术和伦理是人类文明的两翼：技术改造人的外部世界，伦理改造人的内部世界和人与人的世界，两者的目标都是为了追求美好生活。技术的历史与人类的历史一样悠久，可以说，有了人类就有了技术，技术是伴随着人类的成长而不断发展的。伦理也一样。如果我们将伦理看作是对人的生活方式和人与人相处方式的规约，那么，伦理的历史也和人类的历史一样悠久。

从文化史的角度来看，技术和伦理的起源可以追溯到人类早期的巫术。美国哲学家杜威说："人生活在危险世界当中，便不得不寻求安全。"而在远古，人类还缺乏抵御自然界危险的有力的工具，便不得不求助于巫术。巫术包含两个方面的内容，一方

面是技术，一方面是情感。在远古时期，巫师、巫医其实是早期的知识分子，他们掌握了一定的物质技术和心理知识，因为有些卜、筮的规则非常复杂，甚至涉及数字演算之类复杂的系统，需要高度的技巧规范。巫师和巫医一方面借助技术解危救难，另一方面，也给人以情感上的抚慰，带给人安全的感觉。在李泽厚看来，“‘巫术礼仪’是极为复杂的整套行为、容貌、姿态和语言，其中包括一系列繁细动作和高难技巧。……巫术操作的这个方面后来发展为各种方术、技艺、医药等等专门之学”。[①]在西方，巫术一方面通过经验知识的积累演化为早期的科学技术，另一方面也通过对神灵的敬畏最后走向宗教。而在中国，巫术则“由巫到礼，释礼归仁”，即慢慢地演变成为“礼”。先是由“巫”而“史”，“史”是“巫”的承续，“巫”“史”与“知天道”有关。于是，中国的巫术从“由巫而史”走向“制礼作乐”，进而通过“德”和“礼”完成了其理性化的过程。[②]李泽厚写道：“西方由‘巫’脱魅而走向科学（认知，由巫术中的技艺发展而来）与宗教（情感，由巫术中的情感转化而来）的分途。中国则由‘巫’而‘史’，而直接过渡到‘礼’（人文）‘仁’（人性）的理想化塑建。”[③]由此我们甚至可以说，技术与伦理是同根同源的。至少在人类文

① 李泽厚：《由巫到礼　释礼归仁》，生活·读书·新知三联书店，2015，第11页。

② 李泽厚：《由巫到礼　释礼归仁》，生活·读书·新知三联书店，2015，第21页。

③ 李泽厚：《由巫到礼　释礼归仁》，生活·读书·新知三联书店，2015，第13页。

明的早期，它们都是为了帮助人安身立命，寻求一个安全的生活环境，都是为了让人过上美好的生活。

技术的初心是为了安全和善。从辞源上考证，今天我们讨论的技术，英文叫“technology”，德语叫“technik”，它们共同来自希腊文 techne，我们也把它翻译为“技艺”，既有技术也有艺术的意思。据德国哲学家彼得·费舍尔（Peter Fischer）考证，这个词最早的意思是“编织”，与造房子的活动相关，造房子本身可以看作是木材、石头的编织。所以最早的技术就是利用自然界现成的物质材料给人创造一个安身的居所。“house”这个词原本的意思就是“保护”。我们中文中的安全的“安”字上面的部首也是房子的意思，意为女人在家即安。因为人要抵御自然极端气候的变化，所以造房子的技术应该是人类最早的技术之一。亚里士多德在《尼各马可伦理学》中的第一句话就说：“每一种技艺、每种研究都以某种善为目的。”当然他所说的这个“善”本身与我们今天谈到的道德意义上的“善”并不完全一样。但毋庸置疑的是，技术的初心是为了克服人生理和心理的局限，拓展人的行动空间。这一点从古至今基本上没有变。

德国社会学家阿诺德·盖伦（Arnold Gehlen）认为，人是一种有缺陷的动物。为了弥补人的先天不足，人类发明了代替技术、强化技术和省力技术。代替技术的目的是代替人的劳动，减轻人体器官在劳动中的艰辛程度。比如，轮子可以代替人的双脚来行进，吊车可以代替人的双手来提起重物。强化技术与代替技术类似，也是强化人身体的能力。“器官”这个词和“工具”这个词在希腊文中，都是一个词——“organ”。我们的手是 organ，是我们的一个器官，也是我们最基本的工具。持类似观点的还有一个叫恩斯特·卡普（Ernst Kapp）的技术哲学家。卡普被看作是技术哲学第一人，是最早写了《技术哲学纲要》的哲学家。在他看来，技术是人的身体的投影、人的器官的延伸。比如，榔头是人的拳头的投影，我们的手臂就相当于榔头柄；锯子则模仿我们的牙齿；铁路是我们的血管的投影；等等。按照技术人类学的观点，人要对抗自然，要在自然界中生存，起初是靠身体获得自己生存所需的必需品，但是身体的作用是有限的，于是人类发明了技术，依靠技术来帮助人们过上美好的生活。因此有一种理论，称为技术需求论，就是强调技术本身是人类需求的产物。在人类的演化过程中，我们的很多发明与人的需求直接或间接相关。当然需求本身也很复杂，有些属于基本的需求，比如对安全的需求，对食物和住所的需求；有些看上去不是直接关乎生存，但其实也是人的基本需求，比如审美的需求。不同阶段，人都会有不同的需求。人的需求永远不是单一的。从这个意义上讲，技术的初心确实是善的、好的。

那么伦理呢？伦理同样是为了实现美好生活。提到伦理大家可能都比较熟悉，可能马上就会有人说，伦理就是道德。在日常生活中，我们确实在很多时候是将这两个词按同一个意义使用的。伦理也好，道德也罢，通常都指向我们的行为规范。而伦理学就是以这些规范为研究对象。伦理（ethics），来自习俗、习惯。可是什么样的习俗和习惯能够带来美好生活呢？或者换句话说，哪些是好的习俗、好的习惯呢？古希腊的先哲们开始了追问和反思。由此诞生了伦理学。后来西塞罗用拉丁文的“moral”翻译了希腊文的 ethics，于是有了道德和道德哲学。严格来说我们通常说的道德哲学和伦理学是一回事。亚里士多德有一本书，据说是写给他的儿子尼各马可的，书名就叫《尼各马可伦理学》。书中讨论的主题就是人应该具备什么样的品德或者美德可以实现美好生活，一个城邦应该有什么样的制度设计才能使得城邦里的人实现美好生活。也就是说，他讨论的就是为了实现美好生活或者说幸福，个人应该具备哪些品质条件（可以通过习惯养成），社会应该提供哪些制度保障。为此，亚里士多德分析了人的活动的类型，也谈到了技术和技术的特性，谈到了包括实践智慧、公正、勇敢在内的理智德性和伦理德性。

以德性或品德、美德为研究对象的学科，我们称之为美德伦理学。古希腊的伦理学主要就是美德伦理学。在中国，儒家主要讨论的仁义礼智信，也可以归属于美德伦理学的范畴。到了近代，西方随着启蒙运动和人文主义的复兴，伦理学的形态也发生了变化，诞生了以康德为代表的义务论伦理学和以边沁、密尔为代表的功利主义伦理学。简单地说，两者的共同点都是希望寻找、衡量一个道德行动的客观标准或规范原则。因此，我们又称其为规范伦理学。义务论伦理学认为，一个行为在道德上是否是善的，关键看其行为动机，看其是否将善看作唯一的目的，看其行为意志所依据的准则是否可以普遍化。而功利主义伦理学则将行为善的标准与人的行为结果相联系，看其结果能否给大多数人带来幸福。不管是什么学派、什么标准，都是为了实现美好生活。

二 技术为什么是伦理学的研究对象?

前面我们讨论了技术与伦理都是为了实现美好生活，那么，为什么我们又说技术是伦理学的研究对象呢?在什么层面上我们会将技术作为伦理学的研究对象呢?难道技术也有好坏之分吗?技术通常不是被认为是中性的工具吗?

为此，我们要追问技术的本质：什么是技术?我们的直接经验告诉我们，技术首先是一个人工物。技术人工物是什么呢?在亚里士多德看来它包含四个基本的因素，即质料因、形式因、目的因、动力因。我们又把亚里士多德的这个理论称为“四因说”。质料因指的是来自自然界的物质材料，或者是经过加工后的物；形式因指的是关于这个物最初的形式设计；目的因指的是我们制造的对象的用途、目的；而动力因就是将这些因素合在一起使其实现的动力——人。为了简化，我们也可以把四因归纳为二因，即质料因与形式因。从中我们可以发现，无论是四因还是二因，都包含了设计者或制造者的目的，也就是说，技术是有目的的。

我们继续追问，目的是什么呢?简单地说，目的就是我想要什么、需求什么，是我们价值指向的体现。我们前面说过，技术是为了满足人的需求。人有了需求，技术生产者就要想方设法把这个物造出来，以满足人的需求，这个需要就成为生产的目的。但有时候生产的目的和最终的产品并不完全一致，有的是目的溢出了，有需要的还有不需要的；有的是不能完全满足设计者的要求。为什么会这样呢?因为我们在制造一个技术人工物的时候预设了一个主观目的，然后我们选择一个工具来实现我们的目的。

然而，我们选择的工具并非完全是我们想象中的、单一用途的，我们最终实现的目的也就可能不完全是我们预设的目的。我们可以将前者称为主观工具和主观目的，将后者称为客观工具和客观目的，这之间的差距形成了一个“可能性的空间”。有了这个可能性的空间，我们可以把桌子当凳子坐，把笔筒当杯子用，当然也可以把菜刀当作杀人的工具。

技术制作的主观目的和应用之间的偏差容易给人一种感觉，即技术是中性的，是可以由使用者来定义的。其实不完全是这样。技术有工具性的一面，但它也有自身的意向性和内在逻辑。技术从一开始就和人的目的联系在一起。这里面虽然有新的可能性的空间，但仍然还是在被规定的框架内。技术人工物完成了，技术的目的却仍然还没有结束，结束的是制造人工物的技术活动，而技术的目的的实现刚刚开始，技术只有在使用中才能实现它的目的。正如海德格尔所说的那样：“随着这一终结，此物并没有停止，而不如说此物由之而来，才开始成为他在制造之后将变成的东西。”罗波尔（Günter Ropohl）则将技术看作是从设计到生产、使用，最后到处理的全部活动过程。

随着技术本身离我们的日常生活越来越远，技术的主观目的和客观目的之间的可能性空间正在变得越来越大，甚至发生了技术的异化。技术的异化就是技术脱离甚至背离了制造者的主观目的。而随着技术能力的增强，这种背离越发不能被人控制。一个具体例子就是原子弹的制造。1938年，德国化学家奥托·哈恩和弗里茨·施特拉斯曼共同发现了核裂变现象，随即又发现其背后的理论原理。这使得人们非常担心纳粹会先造出原子弹。于是，

1939 年 8 月，匈牙利裔物理学家利奥·西拉德和尤金·维格纳联合阿尔伯特·爱因斯坦，共同起草了致罗斯福总统的信，即爱因斯坦 - 西拉德信，督促美国政府尽快开展核武器的研究。罗斯福命国家标准局局长莱曼·布里格斯组建铀顾问团，详议爱因斯坦 - 西拉德信提及的问题。同年 11 月，委员会回禀罗斯福称，铀“或可被制成炸弹，其破坏力将远大于目前所知的任何武器”。但是当时即便那些科学家也并不完全了解铀裂变的性质，整个计划充满着未知数。日本偷袭珍珠港之后，美国对日本和德国宣战，推动了整个研究计划的加速进行。1942 年 5 月，美国加州大学理论物理学家罗伯特·奥本海默接手相关研究工作。奥本海默后来也被称为“原子弹之父”。但是当原子弹真的变为现实，并且投放成功的时候，奥本海默也意识到，他已经变成了死神，成为世界的毁灭者。晚年的奥本海默一直对科学发明对人类的潜在威胁感到忐忑不安。而最初建议制造原子弹的物理学家利奥·西拉德，后来则与其他科学家一起试图阻止美国使用核武器，签署了著名的《弗兰克报告》。爱因斯坦也因为美国研究出的原子弹导致了许多平民的死亡而感到后悔。后来爱因斯坦写道：“在我们这个时代，科学家和工程师担负着特别沉重的道义责任，因为发展大规模破坏性的战争手段有赖于他们的工作和活动。”“虽然我们赢得了战争，但是没有赢得和平。”这句话非常值得人们深思。我们知道制造原子弹最初的目的是和平，但是第二次世界大战以后的情况证明了爱因斯坦的预言：原子弹的出现并没有赢得和平，反而促使军备竞赛不断升级，战争的威胁越来越大。

第二次世界大战结束以后，首先在科学家内部展开的关于科学家责任的讨论，直接促使整个社会对科学和技术的道德内涵与科学家责任的关注。物理学家玻恩当时写道，科学的作用以及科学的道德方面已经发生了一种变化，使科学不可能保持我们这一代所信仰的为科学本身而追求知识的古老理想。我们确信，这种理想决不可能导致任何邪恶，因为对真理的追求本身是善的。那是一个美梦，我们已经从这美梦中被世界大事惊醒了。[①] 1957 年，玻恩和其他 18 位科学家一起在哥廷根发表了《哥廷根声明》，强烈反对核武器的传播和使用。

以原子弹为代表的现代技术的威力之强大，是以往任何技术所没有的。哲学家安德斯（Guenter Anders）认为，核战争对于“人类”这一概念也造成了威胁，核战争埋葬的是人类历史。假如还有人逃过这一劫难，那么他不再是历史的人，而是人类历史可怜的遗存物：他是被污染的自然里的被污染的自然物。核技术最终导致一个“没有人的世界”[②]。安德斯还认为，原子弹的威胁和原子弹爆发所造成的后果不仅影响着今天的人类，还深深地影响着我们的子孙后代。原子弹的风险会像一片乌云笼罩着人类，没有人可以幸免。人类在技术上的胜利必将导致人类自身的消亡。而德裔美籍哲学家汉斯·尤纳斯（Jans Jonas）也认为，现代技术活动的双重性效应，以及其对自然干预的深度和广度、对地球上其他生物的侵害等，都构成了对人类存在的挑战。而以往的伦理

① 马克斯·玻恩：《我的一生和我的观点》，李宝恒译，商务印书馆，1979，第102页。

② 参见京特·安德斯：《过时的人》（第一卷），范捷平译，上海译文出版社，2010，第216-278页。

学仅仅是在人的存在的前提下，调节人与人的关系。按照现在的技术发展的趋势，人的存在已经不再是理所当然、不可动摇的事实。我们面对的是一个“伦理学的真空”，因此，我们迫切需要一种伦理学，一种通过调节人的行为可以确保人类长久续存的伦理学。

除了原子弹事件以外，在20世纪五六十年代，还有几件事也是推动科学技术成为伦理学研究对象的动因，其中一件就是对德国纳粹进行的“纽伦堡审判”。战后，人们在对纳粹进行清算的过程中，发现一些科学家本来应该是追求很神圣的科学事业的，但是他们却在未获得战俘与占领区平民允诺情形下对其进行惨无人道的人体医疗试验，包括冷冻试验、海水试验、高空试验、磺胺试验、结核病试验、绝育试验，等等。冷冻试验即让受试者被置于冰水罐中，颤抖至死亡。据称这项试验是为了测试一旦德国飞机被击落，飞行员掉入冰冷的海水后，能存活多久；还有海水试验，在集中营里试验饮用海水的后果；各种手段极其恶劣、残忍，致使许多犹太人或其他无辜平民死于人体试验。战后，领头的23名医学战犯受到了审判。纽伦堡审判催生了《纽伦堡法典》。这个法典是我们今天讲的医学伦理基本原则的雏形。法典总共有10条，其中第一条就认为，人类受试者的自愿同意是绝对必要的。因为科学既然是为了人而进行的，就不能把人当作工具。科学研究必须要征得受试者本人的同意，并且这个试验必须是能够对社会产生有益后果的，而绝对不能是伤害人的，必须尽可能把人所要遭受的风险降到最低限度。试验之前必须告知受试者所有已知的可能的风险，要征集志愿者，而不能以任何不正当的方式欺骗或诱导受试者来做人体试验。到了 1964 年，第 18 届世界医学大会在《纽伦堡法典》的基础之上，把其中 10 条的内容进一步细化，出台了国际性医学研究道德准则《赫尔辛基宣言》。该宣言列出了医学研究的若干基本原则以及应遵循的附加原则，对以人为事实对象的生命医学研究，制定了明确的伦理原则和更为具体、更加严格的限制条件。这份宣言当中明确提到了道德伦理、人的尊严等概念，为后来生命伦理学的产生和发展奠定了基础。

虽然有了《纽伦堡宣言》，有了《赫尔辛基宣言》，但 20 世纪 70 年代，人们发现了一个塔斯基吉梅毒试验。当时的美国卫生公署（相当于现在美国的疾病控制与预防中心）在亚拉巴马州梅肯地区用黑人进行梅毒试验，将近 400 人参加了这个试验。尽管当时已经有了青霉素，且有了很好的治疗药物，但是美国卫生公署并不给实验中的黑人们使用，最后导致 300 多名受试者死亡。这个事情被曝光出来的时候，试验已经进行了 40 年。这又是一起严重践踏人的生命和尊严的重大事件。塔斯基吉事件曝光后，美国成立了第一个制定生命伦理政策的国家机构——“国家保护生物医学和行为研究人体受试者委员会”。这个委员会后来发布了著名的《贝尔蒙报告》。这个报告明确提出了三项生命伦理原则：尊重原则、有利原则和公平原则。

可以将上述事件看作是催生技术伦理学的重大事件。凡此种种，包括环境的恶化、工程中的风险、短期效应与长远后果的差异，等等，引起了人们对未来的恐慌和担忧。人们开始怀疑，生物技术带来的是否一定是幸福与进步？拓展了人的生存空间的网络是否也有可能葬送人的自由？1978 年，汉斯·尤纳斯出版了德文版的《责任原理——技术文明时代的伦理学》（*DasPrinzipVerantwortung-Versucheiner Ethik für die technologische Zivilisation*）一书。书的前言部分有句话非常有名，他写道："普罗米修斯终于摆脱了锁链，科学使它具有了前所未有的力量，经济赋予它永不停歇的推动力，解放了的普罗米修斯正在呼唤一种能够通过自愿节制而使其权力不会导致人类灾难的伦理，现代技术所带来的福音已经走向其反面，已经成为灾难。"除了科学的支持，技术与经济也是紧密连在一起的，没有投资的驱动，技术发明就难以实现；没有市场需求，技术也不可能再继续发展，这是当前技术与经济的现实关系。所以尤纳斯做的是一个宣言，告诉我们今天已经不能够再这样继续下去了，技术已经背离了其初心。我们现在要呼唤一种新的伦理，能够揭示人的行为，能够对人的权力进行约束的伦理。接下来尤纳斯论证了技术是伦理学的研究对象的原因。在他看来，今天人类的技术已经不仅仅是满足人的最基本需求了，技术活动的范围和深度已经扩展到了以往任何时候都没有达到的程度，已经构成了对人类整体存在的挑战，而现有的伦理学是关于人与人的伦理的反思，并不能涵盖科技活动及其后果。也就是说，人类文明面临着一个伦理学的真空。传统的伦理学，无论是美德伦理学还是规范伦理学，在面对新的技术的时候，都变得无能为力。因此，尤纳斯就提出了一个责任原理来作为技术时代人们的行为准则。这个原理的核心是人的行为必须符合人类的长久持存。

三 现代技术的伦理挑战

前面，我们回顾了几个重要的历史事件和当时发生的历史背景。这些重大事件的发生当然不是偶然的，是科技发展到一定程度走向异化带来的结果。这些事件激发了哲学家们对技术的思考，催生了一门新的以技术和技术活动为对象的伦理学。那么，半个世纪过去了，技术伦理学是不是还需要存在？我们当下是否还面临着伦理挑战呢？接下来我们再来看看当代发生在我们国家的一个案例。

2018 年 11 月 26 日，南方科技大学的副教授贺建奎突然宣布，他用基因编辑的方法在胚胎上编辑了一对名为娜娜和露露的婴儿，且这对婴儿已经出生。消息一出，整个世界都为之震惊。这件事就发生在世界基因编辑大会在香港召开的前两天，给全世界的科学家和公众来了一个措手不及。一时间，舆论哗然。几小时以后，122 位科学家发表了声明，坚决谴责贺建奎的行为，称实验存在严重的生命伦理问题："这项所谓研究的生物医学伦理审查形同虚设。直接进行人体实验，只能用疯狂来形容。"之后，相关学术机构、团体，以及国家部委，包括中国科学院、国家自然科学基金委、科技部、国家卫健委等，都出来发表声明，谴责贺建奎违背了科学伦理。现在我们要问的是，为什么说贺建奎的行为违背了科学伦理呢？他究竟在哪些方面对现行的伦理价值提出了挑战呢？

为此，我们首先要了解什么是基因编辑。基因编辑，又称为基因组编辑（Genome Editing），是指通过添加、替换或删除 DNA 碱基对来改变基因组序列的过程[①]。我们知道，基因是携带遗传信息的 DNA 片段。自从 20 世纪 50 年代，沃森和克里克提出 DNA 双螺旋结构模型以后，人们一直试图进一步揭示遗传和生命的奥秘。1963 年，分子生物学家约书亚·莱德伯格（Joshua Lederberg）就已经预见到，通过修改人类基因来治疗疾病，“仅仅是个时间问题”[②]。1990 年，人类基因组计划（Human Genome Project，HGP）正式启动。包括中国在内的世界各国的科学家参与了这项伟大的工程。终于在 2001 年成功绘制了人类基因组工作草图。2003 年 4 月，人类基因组计划的测序工作宣布完成，被认为是人类基因组计划成功的里程碑。2011 年，美国加利福尼亚大学伯克利分校的生物学家詹妮弗·杜德纳（Jennifer A. Doudna）和瑞典于默奥大学的埃马纽埃尔·卡彭蒂耶（Emmanuelle Charpentier）开始了新一代基因编辑技术的合作研究。2013 年，他们的研究证明了 CRISPR-Cas 9 系统——一种借助于来自细菌中的 CRISPR-Cas 系统，能够作为新一代的基因编辑工具，准确且有效地进行定点、高效地编辑人类基因组。该系统为目前发现存在于多数细菌与绝大多数的古细菌中的一种获得性免疫系统，作用是消灭外来的质粒或者噬菌体。这为治疗由单个基因突变引起的数千种疾病带来了希望，一些著名的单原性疾病，比如家族黑蒙性白痴、镰状细胞病和囊性纤维化、乳腺癌和卵巢癌、亨廷顿氏舞蹈症、囊性纤维化和早发性阿尔茨海默氏症，都可以通过

① 美国国家科学院，美国国家医学院主编《人类基因组编辑：科学、伦理与监管》，马慧等主译，科学出版社，2019。

② 王立铭：《上帝的手术刀：基因编辑简史》，浙江人民出版社，2017。

这种方式进行治疗。2014 年，这两位科学家因此而获得“生命科学突破奖”；2020 年，二人又一同获得了诺贝尔化学奖。

贺建奎使用基因编辑技术是为了敲除胚胎细胞中与艾滋病免疫有关的 CCR5 基因，以使婴儿先天性具有免疫艾滋病的能力。因为已有的科学文献显示，人群中部分 CCR5Δ32 缺失的人群（主要分布于北欧），由于其 CCR5 蛋白（一种覆盖于人体免疫系统 T 细胞之上的蛋白，T 细胞是 HIV 的攻击对象）不表达功能，无法被进入人体的 HIV 识别，从而使 HIV 不能“挟持”T 细胞进入免疫系统，并最终导致人体不会产生获得性免疫缺陷综合征（AIDS，艾滋病）。贺建奎声称在此次基因编辑开始前首先利用猴子胚胎和小鼠进行了动物实验。在实验获取预期效果的基础上，他招募了 8 对夫妇志愿者（男方艾滋病病毒抗体阳性、女方阴性）参与实验。最终有 2 名志愿者怀孕，其中 1 名已生下双胞胎女婴露露和娜娜，另 1 名在怀孕中。其余 6 对志愿者有 1 对中途退出实验，另外 5 对均未受孕。

如果说这项技术能够帮助潜在的易感人群免除未来感染艾滋病的风险，为什么说它违背了伦理呢？它究竟在什么意义上对我们的伦理价值构成了挑战呢？

前面我们提到过的《纽伦堡法典》《赫尔辛基宣言》和《贝尔蒙报告》都是生命伦理学的经典文献。尤其是《贝尔蒙报告》明确提出了三项生命伦理原则：尊重原则、有利原则和公平原则。这三项原则加上不伤害原则一起构成了生命伦理学的基本原则。我们在评判一个行为是否有违伦理，首先审视它是否违背了这几项基本原则。

首先是不伤害原则。伤害包括身体的伤害和精神的伤害。按照贺建奎本人的说法，它在进行此次基因编辑之前，已经首先利用猴子胚胎和小鼠进行了动物实验。此次编辑人胚，是在实验获取预期效果的基础上进行的。但是即便在动物身上试验成功也不能简单就把这个方法应用到人身上，理由很简单，因为存在着生物特异性。迄今为止，国际社会对 CRISPER-Cas 9 技术应用于人体生殖细胞的编辑还一直持反对态度。早在 2015 年，CRISPER 系统的创始人之一詹妮弗·杜德纳就撰文指出，由于目前技术条件尚不安全等原因，建议科学家审慎考虑利用 CRISPER 系统对人类生殖系基因进行编辑。2018 年 6 月英国纳菲尔德生命伦理学理事会发布报告《基因组编辑与人类生殖：社会与伦理议题》（*Genome Editing and Human Reproduction*：*Social and Ethical Issues*），认为 CRISPER-Cas 9 系统要在未来被证明是安全的条件下才能应用，然而现阶段科学还没有完全能够解决基因编辑中的脱靶效应。也就是说，它还是有很大的风险，并不满足伦理可接受性的要求。虽然看上去贺建奎有这两个孩子的父母签署的知情同意书，且经过医院的医学伦理委员会审查通过，但是问题是，贺建奎究竟有没有跟这些孩子的父母讲清楚这其中存在的风险？医院医学伦理委员会是否知情？是否有足够的能力来审查这样一个突破性的医学实验？

这里既有形式上、程序上的问题，也有实质性的问题。事实上，很快就有人证明贺建奎的基因编辑中存在着安全性问题。在科学还没有解决这个问题之前就贸然将其应用于人，这是对人的生命的极其不尊重。违反了包括《赫尔辛基宣言》在内的国际国内的法律法规。

根据贺建奎提交的文件，这个项目是经过医学伦理委员会审议的。但是，如果医学伦理委员会是真的审议了的话，那么，他们首先应该是要求项目申请人对项目的科学性和安全性做出承诺的。这里有两种可能，一是医学伦理委员会没有认真审议，二是医学伦理委员会的批件是假的、伪造的。如果医学伦理委员会认真审议，那么，他们很容易发现这个招聘志愿者的程序是不合规的，对受试者也没有完全说明潜在的风险。更重要的是，贺建奎本身不是医生，只是个研究者，没有行医资格。那么，医院又是如何进行从体外受精，到胚胎植入前诊断，再到基因编辑的呢？我们不能乱加猜测，但是这里肯定也有管理的问题。

最终贺建奎因为构成非法行医罪被判处有期徒刑三年。但是，在哲学层面上关于基因编辑的争论并没有到此结束：如果基因编辑技术成熟了，没有脱靶现象存在的话，在生殖系上进行基因编辑究竟是否可以在道德层面上得到辩护？因为如果基因编辑没有风险或者风险可控，能够通过去除有害突变基因并用健康基因替换它们来治疗或预防疾病，解决很多由基因变异导致的遗传学疾病。那么，这将会给多少家庭多少人带来福祉啊！

围绕着这一问题，学术界从 2018 年年底开始一直在进行研究和讨论。主要围绕以下几个问题：

（1）生殖系基因编辑对于人类的风险问题。核心问题是基因编辑是否会带来“基因池的污染”。反对的人认为，在胚胎上进行基因编辑虽然有可能在胚胎中敲除 CCR5 基因，让后代对艾滋病免疫，但也可能使他们死于西尼罗河病毒的风险升高 13 倍①。而且一旦通过生殖延续下去，出现的“镶嵌现象”，即导

① 梁普平、黄军就：《推开人类胚胎基因研究的神秘大门》，《生命科学》2016年第4期，第425页。

致出现被改变和未改变的遗传嵌合体，其功能性结构由此将变得复杂和不可预料，导致未来的世世代代成为癌症易感者或其他疾病的易感者[①]。这里涉及的风险不仅是对于某个个体的风险，而且涉及对人类种系的风险。这就不仅涉及风险与效益的比例问题，而且即便对于当下的个体来讲能够解决单基因或者多基因遗传性疾病，仍然存在着对未来人的总体的不确定性，有可能对整个人类基因组构成威胁。这就涉及个人福祉和社会福祉的关系问题。根据功利主义的基本原则，一个技术只有能够给大多数人带来最大可能性的幸福才是可以得到辩护的，或者从消极功利主义的立场出发，行为必须考虑到风险的最小化。从这一立场出发，面对基因编辑技术的风险，贸然直接在人体胚胎上进行基因编辑，显然是违背了功利主义的伦理观的。从汉斯·约纳斯的责任伦理的角度出发，也会持反对的立场，因为这在他看来是一种赌注，是拿人类的利益和存在的利益作为赌注。汉斯·约纳斯的《责任原理》一书中说“你的行为必须与人类的持久长存的利益一致”，而一旦基因编辑造成脱靶效应且将遗传到下一代，那显然是对子孙后代不负责任的。约纳斯虽然没有见到基因编辑技术，但是他早年对基因工程一直持怀疑态度，他的“恐惧的启迪”就是主张一个负责任的行为就是不要冒险。而从德国著名哲学家胡比希的“权宜道德”的角度来看，他可能会说，我们不要先下结论，而是要具体问题具体分析，先搁置争议，目前看来不能将基因编辑的技术用于胚胎，但是等技术的不确定性消除了，公众认可了这项技

① 梁普平、黄军就：《推开人类胚胎基因研究的神秘大门》，《生命科学》2016年第4期，第420–426页。

术，那么还是可以做的。胡比希的立场与我们中国哲学中的中庸之道比较接近。

但是也有支持基因编辑技术应用于人类胚胎的，尤其是对治疗性的基因编辑的支持。理由是患有致病基因和非致病基因的孩子有权利得到最好的生活或至少与他人一样好的生活，基于社会公正的目标限制个人的自主选择是得不到伦理辩护的。

（2）人性以及未来人的权利的问题。基因编辑是否构成对人性的侵犯？是否干预了未来人的自主性？围绕这一问题，哲学家们也从不同角度进行了争辩。其实这个问题早在20世纪90年代，就围绕基因工程以及胚胎植入前诊断开始了争论。许多大哲学家都参与其中，比如德国哲学家尤尔根·哈贝马斯。在哈贝马斯看来，对人类基因的干预将导致对人的生物性的不可回溯的改变。干预者在没有被干预者的参与下做出的决定，如果是从消极优生学的角度，比如未来预防或者治疗某种潜在的疾病，是可以得到辩护的。但是如果说是为了某种理想的优生而威胁到未来人的自主性，是得不到辩护的。哈贝马斯认为物种伦理预设了每一个作为人类一员的个体都是自己生命的主人，对基因进行干预就破坏了物种伦理赋予人类的道德行动主体的地位。如果我们在乎人权和人类尊严的成就以及支撑它们的普遍道德，我们就不能简单地把人性看作是可以被优化的东西。弗朗西斯·福山也同样把优生学看作是“悬在整个基因学上的幽灵”。他认为人的本性是确定存在的。福山在《我们的后人类的未来：生物技术革命的后果》一书中指出，人类有某些特征，这些特征不是作为个别的人的特征，而是作为总体的类的特征。比如我们谈到人和其他生物的区别。这种特殊性不只涉及理性问题，还包含了人类是有语言、有理性、有社会性、有感知能力、有情感、有意识的，等等。这些东西共同构成了我们人类尊严的基础。因此对人的干预很可能就会使得我们人类与生俱来的一些属性发生变化，从而干预我们人类的自主性和自由。福山认为，每个人都有基因的禀赋，使她或者他成为一个完整的人，这个天赋在本质上是区别于其他生物的，我们试图保存的全部的复杂性和进化而来的禀赋，避免自我修改。我们不希望阻断人性的统一性和连续性，以及影响其他人的权利。人不能够对人自身进行这样一种干预，这种干预涉及我们整个人类作为一个完整性的存在。

但是也有学者对哈贝马斯和福山的观点表示质疑。理由是，虽然我们的生理和心理属性具有遗传特征，但是认为基因编辑就可以让孩子按照特定的意愿成长，那是对基因编辑的误解。基因编辑最有可能在单原性疾病中有效，单个基因上的单个突变可以被敲除或替换。它对大多数疾病是无效的。大部分疾病以及非疾病特征，如智力、艺术天赋或开朗的性格，并不是完全来自遗传，而是遗传与环境共同塑造的结果。

（3）有关基因编辑是否会带来或者扩大社会的不平等的问题。基因编辑会带来或者扩大社会的不平等吗？一种观点认为是肯定的，理由是有钱人可以通过基因编辑使后代更加聪明，获得某种基因优势。这样的结果必然会带来基因鸿沟，拉大现有的社会不平等。但是也有反对这一观点的，认为社会平等的问题是制度的问题。如果基因编辑确实能够提高那些没有受益于自然基因的孩子的智力，那么也可以通过把这项技术提供给最弱势的群体，通过制度的设计使得这些来自自然的不平等减少，而不是增加。这也是我要表达的观点。我认为，社会是可以通过制度设计来改变来自自然的不平等的。通过对税收的调节，特别是遗产税的设立，可以调节财富的不平等，同样，如果我们有这样的技术，把这样一些技术用在残疾人身上，用在那些先天不足的人身上，不是反而可以缩小社会的差距吗？

我们想用基因编辑这个案例来说明的是，现代技术的发展提出了很多伦理挑战。这些问题正在动摇我们传统的关于自主性、权利和平等概念。很多问题仍然是开放的。一方面，我们哲学更多的是在原则层面上讨论这些问题。特别是我们技术伦理学在研究这些问题的时候，不仅要在规范层面上进行探讨，还要具体分析某些问题，在实践中进一步权衡利弊。另一方面，很多问题也随着技术本身的发展和公众的接受情况的改变而改变。因此，我也主张采取一种“权宜道德”，即我们在坚守基本原则的基础上，可以根据具体的文化和场景以及技术发展的状况，动态地调整我们的应对战略。同样，我们对基因编辑也要持一个开放的态度。目前国际社会达成了一个共识，即对于生殖系的基因编辑可以进行基础研究。英国纳菲尔德生命伦理学理事会在2018年发布的报告《基因编辑和人类生殖：社会与伦理问题》（*Genome Editing and Human Reproduction*：*Social and Ethical Issues*）中指出，人类生殖系基因编辑在特定情况下在伦理上是可接受的。但当前的条件并不满足伦理可接受性。需要被满足的情况包括：CRISPER-Cas 9系统要在未来证明自己是安全的；持续不断的公共教育要使公众理解生殖系编辑并信任科学，避免优生学；在技术被用于临床之前，需要有充分的医学证据，有足够的社会效益，表明基因编辑能够为患者及其家庭带来福祉，符合公共利益；在开展编辑之前，基因编辑技术应该已经经过社会公开讨论与征求意见，等等。[①] 2021年7月，世界卫生组织下属的专家委员会发布了《人类基因组编辑管治框架》（*Human Genome Editing*：*A Framework For Governance*）和《人类基因组编辑建议》（*Human Genome Editing*：*Recommendations*），其中包括了有关人类基因组编辑的伦理价值和原则[②]。伦理价值和原则包括两个部分：一是涉及应该如何决策，以及审查、监督和治理的程序性原则，包括公开、透明、诚实和问责，并且有负责任的监管，管理、科学管理和科研资源管理等内容。二是在决策本身应该依据和考虑的实质性原则，包括包容性、谨慎、公平、社会公正、不歧视、同等的道德待遇、尊重人、团结互助和全球卫生正义。

四 结语：我们需要怎样的未来？

科学技术的发展关乎我们的未来。如今这一点比任何时候都更加明显。美国技术哲学家唐·伊德认为，今天我们与这个世界的关系实际上是通过技术来建构的。我们所感知的世界是技术呈现给我们的世界，我们和技术已经成为一体了，我们通过技术来看整个世界。从人类学视角来看，人是一个文化生物。就像赫尔

① Nuffield Council on Bioethics（NCB）,*Genome Editing and Human Reproduction: social and ethical issues*（London: Nuffield Council on Bioethics, 2018）.

② WHO. *Human Genome Editing: A Framework for Governance.*

穆特·普莱斯纳所说的那样，我们是自然的，但也是文化的，我们天生具有一种“自然的人工性”。人从脱离了自然的母体开始，就一刻也离不开人工物。从人的整个进化的历史来看，人是伴随着技术在进化的。人被迫按照他的存在形式生活，他需要一个非自然的非生长方式的补充，因此他的人工性是自然的，出于他本身生存的需要。我们所使用的技术本身与我们人类本身是自然互补的关系，而不是一个对立的关系。我们和自然的关系被称为“间接的直接性”。因为我们人虽然是面对着自然，但是其实是通过技术来看自然，技术是我们认识世界的中介，技术也在调节着我们对世界的感知。此外，技术本身是不会停滞的，技术是文化的瞬间，技术一旦实现了以后，就永远在进化的过程中，所以我们才会从过去一个最简单的技术，发展到今天的人工智能。未来如果有了通用人工智能，机器代替人的问题也许终将会实现。这是我们今天不得不提前思考的问题。

有一个安徒生童话，说的是有一个国王不愿意看到他的儿子离开监控严密的街道，在无人管辖的地方自由闲逛，自己去获得对世界的判断，因此他给王子送了一批马车和马匹。他对王子说：“从现在起不需要你自己走了。”安徒生童话里面这句话非常有意思，这句话的本质也可以延伸为：从现在起，你不许自己走了，再进一步就是，从现在起你也不会自己走了。这就是结局。在某种意义上，我们很多技术也是遵循了这样的逻辑。每一种技术都带来一种规范性的导向和对人的改变。比如汽车上的导航。过去我们开车的时候都是要自己记路的，现在有了导航以后我们再也不记了，但是一旦离开导航以后，我们自己就不会走了。

但是我们并不是一定要这么悲观的，我们今天对技术和人类未来的反思，其实就是为了避免我们完全被技术所操控。这也是技术伦理学的意义所在。美国未来学家德雷克斯勒有一句话讲得很好。他说："首先，科学和工程知识描绘了关于可能性的界限的远景。虽然还很模糊和不完善，这幅图像还是界定了未来可以在其中运动的永久性的框架。其次，进化的法则决定了哪条路可行，并设置了实现的限度——包括最低限制。""至于什么是想要的和不想要的，可以这么看，我们的各种梦想刺激我们寻求多样性的空间，而我们共同的恐惧则驱使我们寻求一个安全的未来。"

（文章第一稿由赵翼羽同学根据讲座录音整理完成，特此致谢！）

安乐死与临终关怀的伦理论争

复旦大学哲学学院青年研究员、硕士生导师
尹洁

如今我们经常把安乐死和临终关怀相关的伦理问题放在一起讨论，是因为临终关怀可作为安乐死的一种替代方案。如果不能执行安乐死，那些终末期的患者该怎么办？一种方案是给终末期患者提供临终关怀服务，目前在中国有一些组织在做这件事情，但在公立医院的系统里资源非常稀缺。少数医院会开设专门的病房来收治那些在正常情况下由于医疗效用不大而不再被常规病房收治的患者。进入这个特殊病房的患者很多都处于癌症终末期，这在医学上通常被认为无法治愈，但该病房的医务人员仍会根据患者的具体情况想方设法地为其提供相应的干预措施，只不过在这里所做的一切医疗行为都不是为了治愈患者，而只是尽量减少其病痛。为了理解安乐死和临终关怀这两种不同但又彼此关联的实践，以及由此而来的伦理问题，我们首先有必要先对相关术语做一些区分。

定义区分（Definition of Terms，EAPC）

当人们谈及安乐死（euthanasia）时，较容易混淆几个相关的概念。首先要知道安乐死在含义上不等同于协助自杀，也不一定是医生协助患者自杀[①]，安乐死的本意是：一个人有意图的通过某种方式（通常是药物的方式）结束自己的生命，并且这是在其自愿（voluntarily）且能够自愿（即不是逼迫）的情况下进行的。有些癌症终末期患者会耗费家庭相当多的资源，想要执行安乐死的这个想法很可能并不是患者自愿的，而是被他人胁迫的，因此极有必要确认患者的这个决定是否属于自愿。但对于医学上安乐死的案例而言，自愿只是形式上的一个条件，如果这个人自愿了，但他恰好患有痴呆症，他没有能力知晓结束自己的生命意味着什么，那么这种自愿也是值得商榷的，很难被当作真正的自愿。

协助自杀和医生协助自杀的区别是什么呢？协助自杀（assisted suicide）是说，一个人有意识地、有倾向性地帮助另一个人结束生命，只要这个被安乐死的人是意识清醒且有能力做这件事的，比如一个人在亲戚、朋友的帮助下结束自己的生命，或者患者自己来执行这一行为并且同时亲戚、朋友对此知晓。医生协助自杀（Physician-assisted Suicide）作为一种在当前实践中执行安乐死的常见方式，其监管颇为严格。[②] 首先医生协助自杀必

① 在管控较为严格的国家，安乐死往往与协助自杀一并被认定是不合法的，比如英国。

② 当然对于安乐死的监管更为严格，在大部分不承认其合法性的律法实践中，安乐死被当作过失杀人或谋杀来处理。

须征得医生的同意；其次，不是任何一种导向死亡的方式都是安乐死，比如不能拿大棒袭击一个主动要求死亡的人，而是以一种尽可能没有痛苦的方式来结束患者的生命。这就需要医生使用其处方权来开出一种特殊的药，让患者逐渐丧失意识，呼吸、循环系统逐渐停止。比如在比利时、荷兰、瑞士等欧洲国家以这种方式进行安乐死都较为常见，但安乐死在中国尚未合法化。关于它究竟能否合法的这一讨论由来已久，观点不同，争议也相当大。

除了存在采取不同实践形式的安乐死之外，“非治疗决定”（nontreatment decisions）和“缓和镇定”（palliative sedation）这两种类型的实践虽然在患者生命终结这一结果上没有区分，但都不属于主动结束患者生命的操作。非治疗决定指的是，要么是在医学治疗无效的前提下，要么是在病人自愿且有能力自愿[①]的情况下，撤除所有已经开始的医疗干预措施。安乐死是主动地结束生命，但非治疗决定是不去治疗，不做任何有积极目的的干预。正是因为这一区分，在有些国家安乐死被认可，但是非治疗决定却不被允许。

缓和镇定则是使用一种监控的医疗手段，让一个人的意识慢慢地消亡，从而使得一个人从没有办法缓解疼痛的疾病中以生命结束的最终方式解脱出来。但这种操作需要满足两个条件：第一，这种痛苦一定是当前的医疗手段无法处理的极大的痛苦；第二，这种使得人的意识慢慢消亡的方式对于病人自己、家庭和卫生保健工作者而言都是在伦理上可接受的。也就是说，一个人要结束自

① 即所谓的“voluntary and competent”这个要求。

己的生命，要做出这种决定，除了需要满足这个人的“自愿”和有能力自愿这两个常见的一般条件之外，还需要家庭、医疗机构以及社会对这个决定的接受。来自家庭和社会的支持较容易被人理解，那么为什么医疗机构也有必要同意？其原因是，不仅在事实层面需要医生做出一个评定来判断究竟当前的治疗在医学意义上是否无效，而且在伦理层面医生是否认同这一实践也至关重要。对于医生来说其最为基本的职业道德要求就是救死扶伤，或者说，医生应该以尽力治愈患者为指导其工作的第一原则，不能轻言放弃或眼睁睁地让患者轻易地面对死亡。因此在特定的医疗制度背景下，对于整个医疗职业群体而言，这一实践在伦理上是否能被接受，取决于医生这一职业在特定社会、文化语境下的伦理准则和要求。

脑死亡与持续植物状态（Brain Death and PVS）

谈及死亡，我们仍有不少需要区分的概念：比如在“脑死亡”（Brain Death）和“持续植物状态”（Persistent Vegetative State，PVS）之间的区分。持续植物状态也就是所谓的“植物人”。举例来说，一个人出了车祸后，医生没有办法使得他醒过来，这个患者只能如沉睡般躺在床上，但是又没有死亡。那么持续植物状态和脑死亡的差异在哪？从技术手段上来看，如果一个人脑死亡，在法律意义上就是已经死亡。在今天，器官移植已经十分普遍，为了能够顺利移植，应尽快将作为供体的脑死亡患者身上的器官摘除，并尽快移植到等待器官捐献的人身上。事实上，脑死亡在本质上就是死亡，但是持续植物状态不同，不管从任何意义上来说这个人都是活着的人。从生理意义上来看，脑死亡是脑干和大脑都没有功能，脑死亡的人无法自主呼吸，需要依靠呼吸机来维持循环系统的运转。我们常规的心肺复苏（CPR）就是要恢复人的自主呼吸，但脑死亡的人是没有办法再度恢复自主呼吸的。相比之下，持续植物状态的人只是失去大脑功能，但仍然能自主呼吸，也能保持其体温，不过因为没有清醒过来，所以只是看起来像死亡一般。多数人认为持续植物状态的人是失去意识的，但这在科学意义上有些争议，毕竟，陷入持续植物状态的人到底有没有意识似乎取决于我们如何定义意识。另外一个区别就是，脑死亡是没有可能再活过来的，但是植物人在某些情况下有可能恢复意识、清醒过来，有长达37年持续植物状态恢复清醒意识的例子。虽然这种例子极为罕见，但脑死亡的例子里则只有最多坚持3年的。

生命与人格（Life and Personhood）

谈及死亡，我们又总是不得不定义死亡。为了定义死亡，我们总要先知晓其对立面——什么是生命。我们可以有多种关于生命的定义：生物学意义上的生命（biological life）指的是一个人的心跳和呼吸等生命体征的持续或维系。智性生命（intellectual life）则侧重于强调一个人的生命总是寓于其智识生活之中，如果一个人只能行尸走肉般地活着，或者总是艰辛地在吃了上顿担心下顿的状态中度过，则很难说他拥有一种智识生活。智识生活总是需要一个人有基本的温饱条件，在此基础之上，还需要一定的理解力、审美能力和理性推理能力，等等。还有一种是社会生命（social life）。很多人有生物学意义上的生命，也有智性生命，但是没有社会生命。比方说，一个超级社交恐惧症患者有没有正常的社会生命？或者考虑下一个所谓“社死”（“社会性死亡”的简称）的人是不是在某一个瞬间没有了社会生命？生命有许多层面，这些层面都有不同的交互，彼此之间也有因果关系。社会生命需要建立在智性生命之上，很多伟大的人去世以后，虽然他在生物学意义上是死亡的，但是我们对他仍有许多鲜活的记忆，他的言行和思想等对于我们而言还有意义（meaning）甚至影响，因此从社会生命这层意义上来讲，他是活着的（alive）。虽然智识生命和社会生命在很大程度上依赖于较为完整的拥有健康状态的生物学意义上的生命，但是也有一些例子会让我们看到有些人的智识生命和社会生命并不会因为严重受损的身体机能而被完全破坏。比如，物理学家霍金其实就是一个非常特殊的例子，当他坐在轮椅上通过特殊的装置与人进行交流的时候，没有人会否认他拥有智性生命和社会生命。

我们还有一些关于生命的描述，比如“人格”（personhood）。什么是人格？或者说，哪些东西构成了人格或与我们所谈论的人格紧密相关？当我们在日常生活中对他人说“你侮辱了我的人格”时，有的时候我们是在说对方侵犯了我们的利益（interest）。注意“interest”这个词在英文中除了表示“利益”之外，也有表示“兴趣”的意思，所以也可以是在说我其实有一些特定的兴趣，但是你不尊重我的这个兴趣，因而践踏了我的尊严。我们在说一个人有人格时，其实也是在说这个人有其特有的意识（awareness）。

这些意识里包括“记忆”（memory），有对未来的“期待”（expectation），还有对许多事情的“信念”（faith）。前两个比较好理解，第三个“信念”指的是什么呢？举个例子，假定有人是“泛心论”（psychism）者，那么他会认为像植物和石头这样不是有机生命的东西也是有意识的[①]，这种想法是所谓的“信念”，有待证明或证实。当我们说一个人有人格的时候，还包括我们认为这个人能够处理一定的人际关系（relationship），即他与各种人的关系。最后一个要谈的与一个人的人格相关的维度是“未来感”（sense of future），这一点非常重要。一个人需要能够去把握现在和筹划未来，但这又是什么意思呢？可以试想一下如果一个人没有未来感，那么他所面临的情境大概是什么样子？比方说在电影《困在时间里的父亲》当中，父亲患有阿尔茨海默病，长时记忆和短时记忆都严重受损，不仅仅记不起种种过往，连当前的生活也都呈现一片混乱，那些自己曾经熟知的人的面孔与其所在医院的医生护士的面孔混淆、穿插在一起，生活只是破碎的残片的拼接。如果一个人如此这般被“困在时间”中，也就是被困在当下，又如何能具有未来感呢？他怎么依据不断变化的当前或现在对未来做出筹划？一个没有人生筹划的人的人格是完整的吗？

① 但实际上当今的心灵哲学研究尤其是关于意识的研究当中也有很多，比如，当代著名心灵哲学家查莫斯就持有这种观点。参见Chalmers，D.，Panpsychism and Panprotopsychism. Amherst Lecture in Philosophy 8（2013）。

生前遗嘱与健康代理人
(Advance Directives and Health Care Agent)

在安乐死相关的决定当中，除了自己以外，还有谁可以替代自己做出决定吗？如果有人可以被允许来代替我做出如此决定，那么他（她）能决定的又该是些什么？这里我们要谈到一种在西方国家推行已久的实践，叫作“生前预嘱”（advance directives）。生前预嘱相当于遗嘱的一种，但这种遗嘱并不特定地与财产有关，而是与自己的生命健康决策相关，比如有一个人有一天倒下了，那么这个人指定的代理人（agent）就需要替他做出决定。但是代理人究竟要按照什么标准做出决定？通常现在比较盛行两种标准，一种是最佳利益标准（best-interest standard），如果要做任何决定，那么这个代理人只要按照哪种决定是最符合当事人最佳利益的这个标准来执行即可。相对而言这种标准较少引发争议。另一种是替代判断标准（substituted-judgement standard），被指定做出决定的代理人需要站在被代理人的角度来考虑一个决策是否如其所愿。由于一个人的偏好和意愿总是各具特色，不见得有相对理性的、中立的判断，个体差异会较大。代理人会去根据被代理人在日常生活中的种种表现和倾向来猜测这个人可能会更偏好哪个选项。比如，代理人想起被代理人素来表示不愿意接受早早地死去或者一直表示即便遭遇痛苦也要坚持活下去，那么他的代理决定很可能就是继续延长这个被代理人的治疗措施而不是拔管。代理人可以只做与健康相关的决定，专门负责健康相关事务的代理人是卫生保健代理人（health care agent），但也有代理人会代为处理被代理人委托的所有事务，包括财务和卫生保健相关的决策在内。

支持与反对论证（Argument：for and against）

我们已经做好了前期的概念澄清和区分，现在可以就安乐死相关的伦理论争进行更深入的探讨。关于安乐死这件事，有人表示同意，也有许多人持反对立场。

不支持安乐死的理由有哪些？首先有人认为安乐死与生命伦理学最基本的原则之一——“有利原则”或“行善原则”（principle of beneficence）[①] 相违背。医疗的目的就是为了拯救生命，但是安乐死恰恰违背了这个目的。然而，支持安乐死的人则认为，在这里最重要的原则根本不是有利原则，而是生命伦理学四原则之一的尊重自主原则（principle of respect for autonomy）。如果一个人的主观意愿是结束生命，那么不让他这样做就是一种不尊重他人自主的表现。有利原则或行善原则往往与尊重自主原则形成对比是因为前者往往带有“为你好”的态度，而不可避免地带有家长主义的倾向，而后者则恰好带有反抗家长主义的倾向。

在20世纪上半叶，如果翻开任何一本当时的医学伦理学教材，会发现课本主导的伦理原则类似于单纯的有利原则或行善原则，它鼓励医生只要按照自己认为能够有利于患者的方式行事即可，并不会倾向于认为尊重自主原则具有更高的优先级别。尊重自主

① 这是同一个原则的两种中文译法。

原则的出现事实上有一个重大的历史事件作为其诱因。第二次世界大战期间的战俘被大量用于非自愿参加的医学试验，不仅遭受了非人的折磨，更失去了宝贵的生命。在著名的纽伦堡审判之后，无论是相关国际公约还是医学专业协会团体等明确禁止在任何非自愿的情况下进行人体试验。此外，一系列民事层面的事件诸如 Dax Cowart 的案例[①]使得患者自主权越来越成为学界和社会关注的重点。

第二种反对安乐死的意见事实上基于一个滑坡论证（Slippery Slope），这种观点认为执行安乐死会使得人类社会进入一个类似大屠杀的种族灭绝情境。但很多人会立刻意识到这是个滑坡论证。简单而言，滑坡论证的意思就好比说一旦提供了一个渠道，某个趋势就会一路往下走到不可收拾的地步。我们可以举个日常生活中的例子来说明，比方说，大家平时认为食堂的饭菜不是很美味，但我不能给出一个论证说，如果所有人必须要么选择吃食堂的饭菜，要么选择不吃，大家就会都饿死。这是一个不合理的论证，因为这个论证默认，只要有一种趋势，这个趋势就会逐渐放大并且导致最终的极端结果。

支持安乐死的人会认为死得有尊严是人的基本权利（right to die with dignity），即便是在生命的最后一刻也要让人保持尊严。在实践中甚至会有一些人举办宴会款待朋友再不辞而别，这是因

① Dax是一个前美国空军飞行员，他遭遇了严重的、大面积的烧伤，他本人不想被救，但家人和医生坚持救治。Dax经受了极为痛苦的、常人难以想象的折磨。此后Dax凭借其超人的毅力完成了法学院的学业，拿到学位，并成为一名执业律师，专门给为自己争取权益的患者打官司。

为他希望能够将最好的一面呈现在亲友面前，保留其最后的尊严感。反对安乐死的人认为，如果允许安乐死，就等同于减损了生命的神圣性，生命可以被轻易地消解掉，而且安乐死作为一种实践会容易被人滥用，一部分人会利用安乐死作为合法的手段来掩盖不合法的动机，比如以安乐死的方式骗得巨额的赔偿、遗产等。但支持安乐死的人会认为，安乐死恰恰是一种最为人道的、给处于困境中的人提供帮助的手段，不仅如此，它减轻了个人和家庭在各个方面的负担，还可以节约公共医疗资源。比如，对于有些接近生命终点的人而言，其接受治疗的效果不明显，如果把这些医疗资源用于同样是患者的青少年身上，对于社会效益的提升则更为明显。但医疗并不只是考虑效益，我们不能也不应该单纯以经济学效益分析去做所有的取舍，然而，不可否认的是，宏观层面的很多政策确实需要考虑到成本效益比（cost-effectiveness ratio）。反对安乐死的人还认为，不能实施安乐死还有宗教方面的考量。有些宗教的教义不支持自杀，在其观点中生命是被上帝赋予的，人类作为被创造物不能轻易将生命拿走，所以同样地我们会看到不少宗教明确反对堕胎，因为他们也将胎儿视作人类生命的一种形式。

最后一条反对安乐死的理由是，事实上我们很难确定一个患者确实需要安乐死。科学目前没有进展到能够发现某个病例一定没有生存的可能，比如有一个人得了重病，治疗的进程非常缓慢，但是他的家人希望投入所有财力来博得一线生机。尽管绝大多数专业医师凭借以往经验来判断都觉得这个人是治不好的，我们也很难说家属这样的选择和行为就一定是非理性的。这是因为，理性和非理性的行为并不能以一个统一的标准进行衡量，我们没有一个很好的标准来判断哪些情境一定是安乐死的最适用案例。

作为替代方案的临终关怀运动
（Hospice Movement As an Alternative）

如果安乐死在有些情况下不适合，但是患者处于病程的终末期并承受着病痛的煎熬，我们还有另外一种替代办法——临终关怀。这是基于对这样一种观念的考量：人在害怕或恐惧死亡的时候，到底是在害怕什么？究竟是恐惧死亡本身，还是害怕死亡的这个过程？但如果坚持说在朝向死亡的这个过程当中其实并没有什么值得害怕的，这又很显然没有能够体会到身处疾病之中患者的切身感受。当一个人的体力和脑力不断衰弱，痛苦不断加剧的时候，他会越来越害怕，越来越容易联想到死亡。但如果把生命看作是一个有高有低的过程，衰弱、死亡其实也就是生命中的一个阶段而已，这等于是在说死亡是生命的一个必然阶段。这可以作为临终关怀运动的一种理论支持，因为临终关怀运动将疼痛管理作为最主要的关注，其关注重点不在于如何处理死亡，而是聚焦在提高生命质量即尽可能为患者减缓疼痛上。相比于安乐死，临终关怀的优点是比较人道（humane），能给患者个体尤其是给其家人情感上的支持，并且最为重要的是，它能给患者及其家属一个重新思考安乐死决定的余地，这是为了防止出现患者要求安乐死但临近约定日期又反悔的情况。然而临终关怀的缺陷也很明显，它并不一定能起到什么作用。如果它没有缓解一个人的疼痛，花费又很高，给患者和其家庭造成较大的经济负担，并且对于大部分人来说临终关怀这样的资源都是难以获取的——在医疗资源和相关的社会服务资源都非常稀缺的情况下，有太多的患者和家庭需要临终关怀服务，但仅有很少的机构能够提供。

一个难题：痴呆症患者的安乐死
（A Conundrum for Dementia Patients）

如前所述，对于安乐死来说有两个基本条件：其一是患者必须自愿；其二是患者具备自主能力。然而，对于很多痴呆症患者来说，安乐死的这两个基本条件都很难满足。痴呆症患者通常没有身体上的问题，但精神层面的紊乱使得其生命体验异常糟糕。最严重的例子莫过于难治性抑郁症（treatment-resistant depression）。难治性抑郁症是临床上对于两种或以上的抗抑郁药都没有反应的重型抑郁障碍，患者症状逐渐加重，长久遭受生不如死的念头折磨。在不少国家的文化当中，抑郁症等类似的精神疾患往往被污名化，但抑郁症患者的体验不同于日常生活中在遇到挫折和困难时产生的、一时性的抑郁状态。但凡患有难治性抑郁症的人，其心理痛苦程度绝不亚于剧烈的身体疼痛，也因此对于这一患者群体而言安乐死是一个潜在的解脱办法。

但在学界讨论当中，难治性抑郁症患者对安乐死的诉求并不能简单地按照是否符合前述的两个一般条件来判断合理与否。不可否认，难治性抑郁症患者的体验生不如死，但如果他自愿要求安乐死并且他的认知能力也确实允许他这么做的话，我们有没有什么特定的理由要更为谨慎地判断这一决定的合理性？比如像难治性抑郁症患者这种生不如死的体验，他想要去死，他的身体和认知没有问题，有能力做出判断，能不能成全他的决定呢？门策尔（Menzel）和斯坦博克（Steinbock）的意见是，由于“想死”是抑郁症的一个症状，所以不能轻易地给出这个允许的选项。如前所述，生命医学伦理学的四大原则之一的有利原则恰恰在表达，医生的本职在于为患者提供有利的专业医疗服务，他的职责和伦理义务是去救治患者、缓解患者伤痛，但凡有症状出现，医生就应该去处理这一症状而不是去忽视或者回避它。通常而言自愿安乐死的终末期患者都是处于医疗技术手段无法再缓解痛苦的状态当中，但是如果一个病的病症就是想死的念头不断涌现，难道医生最应该处理的不是疾病及其症状本身，而不是屈从于疾病任由其发展吗？

最后值得一提的是，在我们的医疗决策中，许多决策并不单纯基于个人自主和自愿的条件，家人、医生乃至社会的偏好和考量在这其中都有一席之地。这也意味着，安乐死是否合法化，医生协助自杀是否能被允许等这一系列问题，即便都需要伦理的反思框架作为基础，真正实践层面的、能够真正落地的政策仍然需要引入多方位的考量。本文主要聚焦于安乐死的伦理正当化考量，并没有更多地涉及如何使得伦理论辩的结果转化为法律、法规和社会实践，后者的工作不仅需要更多的经验和实证研究，更需要在实践中反复甚至漫长的权衡过程。

（文章第一稿由刘晓丹同学根据讲座录音整理完成，特此致谢！）

图书在版编目（CIP）数据

科学与哲学 / 孙向晨，林晖总主编；黄翔本册主编. —
济南: 泰山出版社，2022.2
（复旦哲学讲堂）
ISBN 978-7-5519-0682-1

Ⅰ. ① 科 … Ⅱ. ① 孙… ② 林… ③ 黄… Ⅲ. ① 人生
哲学—青少年读物 Ⅳ. ① B821-49

中国版本图书馆CIP数据核字（2022）第025208号

KEXUE YU ZHEXUE
科学与哲学

策 划 胡 威
总 主 编 孙向晨 林 晖
本册主编 黄 翔
责任编辑 程 强
装帧设计 路渊源

出版发行 泰山出版社
社 址 济南市泺源大街2号 邮编 250014
电 话 综 合 部（0531）82023579 82022566
市场营销部（0531）82025510 82020455
网 址 www.tscbs.com
电子信箱 tscbs@sohu.com
印 刷 山东通达印刷有限公司
成品尺寸 148 mm × 210 mm 32开
印 张 7.5
字 数 180千字
版 次 2022年2月第1版
印 次 2022年2月第1次印刷
标准书号 ISBN 978-7-5519-0682-1
定 价 38.00元